国家新闻出版改革发展项目库重点项目

THE TOP WEAPON MASTER BRITANNICA OF SCIENCE

超级武器大师系列军事大百科全书

# SKY OF WAR ③

# 空天战争

[编]韩雨江 孙铭 徐波 | [绘]凯帝动画

吉林科学技术出版社

图书在版编目（CIP）数据

空天战争 / 韩雨江，孙铭，徐波主编. -- 长春：吉林科学技术出版社，2014.8
（超级武器大师）

ISBN 978-7-5384-8054-2

Ⅰ. ①空… Ⅱ. ①韩… ②孙… ③徐… Ⅲ. ①军用飞机－世界－普及读物 Ⅳ. ①E926.3-49

中国版本图书馆 CIP 数据核字（2014）第 164241 号

# 空天战争

主　　编　韩雨江　孙　铭　徐　波
出 版 人　李　梁
项目策划　赵　鹏
责任编辑　黄　达　张延明
封面设计　李宏蕾
美术设计　吉林省凯帝动画科技有限公司
制　　版　吉林省凯帝动画科技有限公司
电脑美术　焦　群　冯奕轩　贺媛媛　王梓豫　姚丽娜　姜海龙　边宏斌　马俊德
　　　　　丛文鹏　徐　茜　周　颖　张宗婧　王歆禹　李红伟　王　澜　程心童
开　　本　889mm × 1194mm　1/16
字　　数　220 千字
印　　张　10
印　　数　38 001-43 000 册
版　　次　2014 年 12 月第 1 版
印　　次　2021 年 3 月第 8 次印刷
出　　版　吉林科学技术出版社
发　　行　吉林科学技术出版社
地　　址　长春市生态大街与福祉大路交汇出版集团 A 座
邮　　编　130000
发行部电话/传真　0431-81629529　81629530　81629531
　　　　　　　　81629532　81629533　81629534
储运部电话　0431-86059116
编辑部电话　0431-81629519
网　　址　www.jlstp.net
印　　刷　吉广控股有限公司
书　　号　ISBN 978-7-5384-8054-2
定　　价　88.00 元

# 目录

《 空天战争 SKY OF WAR 》

## 【FLYING TO THE SKY】冲上云霄



## 【TRIUMPH IN THE SKY】领主争空

# 目录

《 空天战争 SKY OF WAR 》

【BLOOMING AIRCRAFTS】

## 百机齐放



【BLOOMING AIRCRAFTS】

## 百机齐放

【BLOOMING AIRCRAFTS】

## 百机齐放



【THE FANTASY SPACE】

## 空天幻想



【FLASHING BLADE】

## 锋芒乍现

# 阅读指南

《空天战争》共分为五章：第一章“冲上云霄”，人类征服天际的梦想；第二章“领主争空”，飞机制造工业的初始之路；第三章“百机齐放”，世界各国享瞩天空的对垒；第四章“空天幻想”，在科技高速发展及影像传播下科幻机型；第五章“锋芒乍现”，没有实现“鸿鹄之志”的史料机型。

**篇章名称**

本章节的标题名称，每个章节都使用不同颜色的底色标记。

**周边趣闻**

与主题飞机相关的趣味性故事。

**名词解释**

飞机部件的相关知识介绍。

**篇章英文**

章节名称的英文翻译。

**主文字**

介绍飞机历史人文主线的文字内容。

**比照**

同类型飞机装备的数据比对。

## 如何操作软件?

1 下载《超级武器大师》增强现实互动软件，根据屏幕上的提示，进入到交互体验的相关界面。

2 图书中带有“相机”图标的标识，就会有扩展的增强现实的交互体验内容。

3 手拿此图书或者将图书平摊于某处，打开移动终端屏幕，对准图书的中心位置，调整图书在屏幕内的距离，以便达到更好的识别效果。

页面上的“相机”图标提示标识表示本页有增强现实交互体验。

**能力值**

防御力、攻击力、攻击范围的能量指数。

**标准型号**

飞机的国际通用名称。

**剖视图示**

飞机内部工作原理的图面演示。

**飞机构成**

组成飞机的主要部件名称介绍。

**主标题**

主文字的标题文字内容。

**内构剖视图**

解剖外壳，展示飞机的内部结构。

**比照**

同类型飞机装备的数据比对。

**原理分解**

飞机工作原理的分步说明。

**原理解剖**

飞机最突出、最具特色的功能原理解剖。

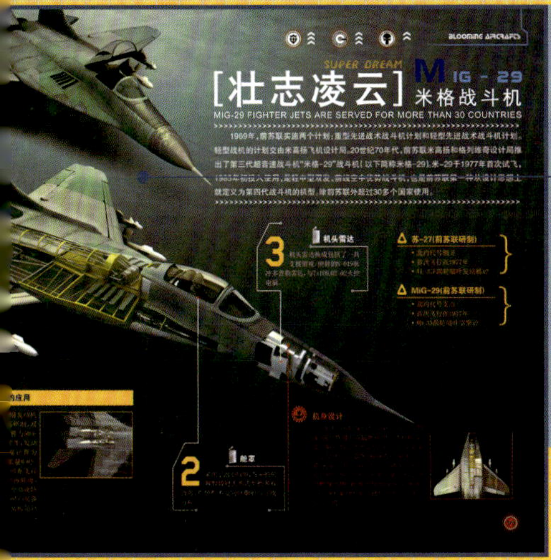


将对页放在移动终端屏幕的安全范围内以启动扩展动画。

**4** 在可见区内，远近距离的调整，能够多角度的观察增强现实所呈现的立体效果。

**5** 移动终端屏幕内的系统提示按钮，能够呈现不同的效果，360度观看、武器拆解、原理动画等游戏将会在你选择提示按钮的同时得以实现。

### 2 副翼

副翼是联动的，当驾驶杆扳向右，右副翼向上摆时，左副翼同时向下摆，如此滑翔机会往飞行员右下的方向翻滚。

### 最伟大的老师

奥托·李林塔尔在1891年制作了第一架固定翼滑翔机，他把自己悬挂在机翼上，从15米高的山岗上跃起，用身体的移动控制飞行。1896年8月9日，他驾驶滑翔机在里诺韦山遭遇强风而坠落，次日死去。他留给后人的最后一句话是："必须做出牺牲。"德国人为纪念他的功绩，为他树立了一座纪念碑，上面写着"最伟大的老师"。

### 1 方向舵

飞行员踩下左脚踏板时，方向舵向左摆，机头左转；踩下右脚踏板，方向舵向右摆，机头就右转。

人类很早就憧憬像鸟一样在空中飞翔，但人没有类似鸟的肌肉和骨骼，所以这种理想无法实现。奥托·李林塔尔是德国工程师和滑翔飞行家，从1871年起，他就热衷于研究和制造滑翔机，他利用所有余暇时间研究空气动力学、试制飞机和驾机试飞，于1891年制作了第一架固定翼滑翔机，被人称为"滑翔机之父"。1914年德国人哈斯研制出第一架现代滑翔机，从此滑翔机开始被人们认知并广泛研究。

FLYING TO THE SKY

# [追梦蓝天] 滑翔机 GLIDER

GLIDER ACHIEVED THE HUMAN BEINGS'DREAM–FLYING TO THE SKY

RISING INTO THE SKY

# [划破天际] ZEPPELIN 齐柏林飞艇

JUST LIKE A BIG BIRD FLYING IN THE SKY--LED ZEPPELIN

第一次世界大战爆发之时，德国的齐柏林公司所建造的飞艇，按当时的技术水平来说，是科学和工程技术上的奇迹之作，每艘飞艇都具有优美的线条，巨大的尺寸，大马力航空发动机特有的“嗡嗡”声，人们第一眼看到齐柏林飞艇，就肯定会像被符咒控制住一样，倾倒于它的雄伟奇妙。比起如同雄鹰一般雄踞天空的飞艇，重于空气的飞行器成了不起眼的、无害的动物。

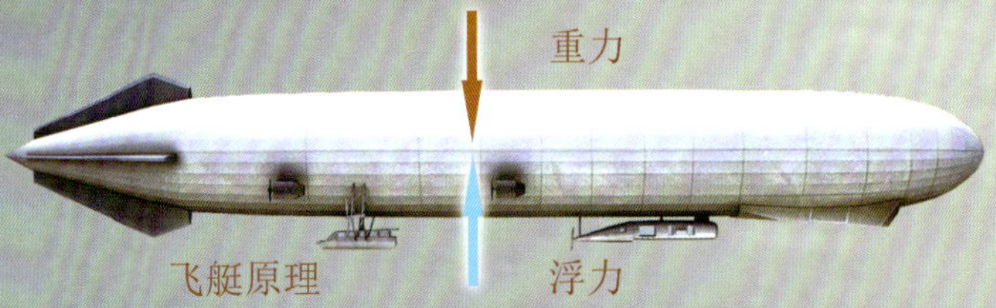


## 飞艇升空原理

艇体内装有气囊，艇体本身一般呈流线型以减少航行时的空气阻力。软式和半软式飞艇的气囊形状靠气囊内的气体压力维持。飞艇通过向气囊中充入密度小于空气的气体（如氢气和氦气）产生静浮力，从而获得能克服自身重量的动力升空。但由于氢气非常不稳定容易燃烧和爆炸，所以现代飞艇更多地使用氦气。

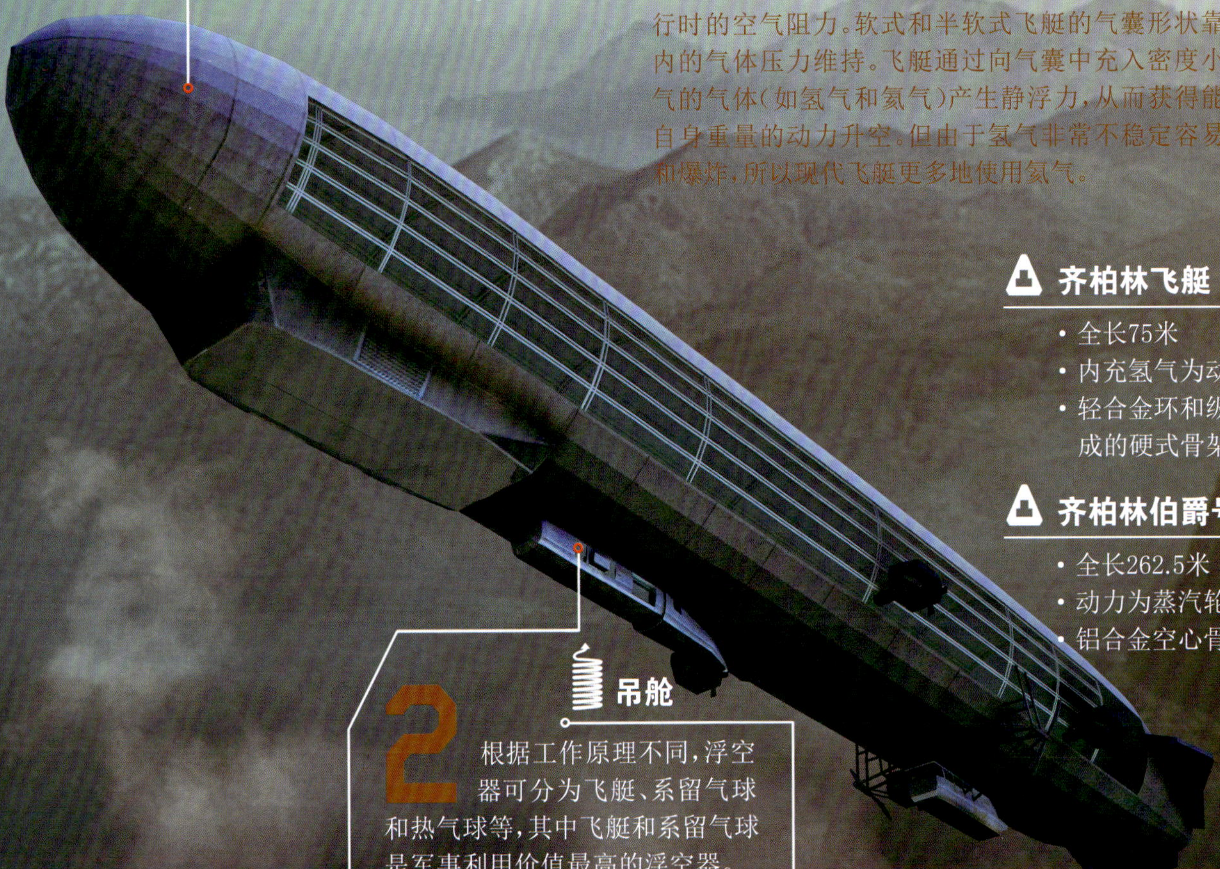

### 1 发动机

使用结构完整的龙骨以保证气囊的外形，采用活塞式发动机，因而飞行性能好，装载量大。

### 齐柏林飞艇

- 全长75米
- 内充氢气为动力
- 轻合金环和纵梁组成的硬式骨架

### 齐柏林伯爵号

- 全长262.5米
- 动力为蒸汽轮机
- 铝合金空心骨架

### 2 吊舱

根据工作原理不同，浮空器可分为飞艇、系留气球和热气球等，其中飞艇和系留气球是军事利用价值最高的浮空器。

**“飞行者”1号（美国第1架飞机）**

- 翼展12.3米
- 总重360千克
- 机长6.43米

**冯如2号（中国第1架飞机）**

- 翼展8.65米
- 总重261千克
- 机长10.2米

**1 前翼**

“飞行者1号”上所谓的鸭翼只是一个前置尾翼，确切地说是前翼，鸭翼的作用是产生涡升力，参与飞机的俯仰与配平。

**2 推进螺旋桨**

螺旋桨靠桨叶在空气或水中旋转，将发动机转动功率转化为推进力的装置，两副推进螺旋桨由链条传动。

作为一种空中交通工具，飞机使运输、旅行的时间大大缩短，而且飞机作为一种全新的空中武器，使战争形式发生了根本性的变革。1903年12月17日这个寒冷的冬天，来自美国俄亥俄州的自行车制造商莱特兄弟在北卡罗来纳州的基蒂·霍克试飞成功一架结构单薄、样子奇特的双翼飞机——“飞行者1号”。这是人类历史上第一架能够自由飞行，并且完全可以操纵的动力飞机。这一天就成了飞机诞生之日。

THE FIRST PLANE

# [飞机鼻祖]“飞行者”1号

FLYER I

WRIGHTER FLYER IS THE FIRST PLANE IN THE HISTORY

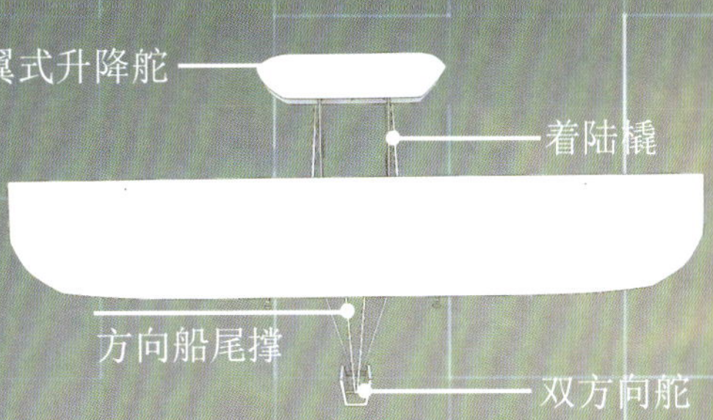

## 创造历史

1903年12月14日，兄弟二人通过掷硬币的方式来决定谁来驾驶试飞，威尔伯获胜，可由于气象条件不佳，飞机只飞行了3秒便坠地，还造成了一些轻微损伤。12月17日，在除莱特兄弟外5人的见证下，在43千米每小时的刺骨寒风中，“飞行者”一号成功起飞，他们创造了历史，人类真正开始了征服天空的征程。

### 3 活塞式发动机

发动机正是经过改进的一台有自动进气阀的液冷、四缸、四冲程直排卧式活塞汽油发动机。

## 外形特点

这是一架双翼机，双翼机的上下机翼用支柱和张线连成一个承力的整体，组成一个空间桁架结构。早期飞机发动机功率低、重量大，建造机体的材料大多是木材和蒙布，双翼机有两个翼面，机翼总面积较大。操纵索集中连在操纵手柄上。翼展达12.3米，翼面积47.4平方米。

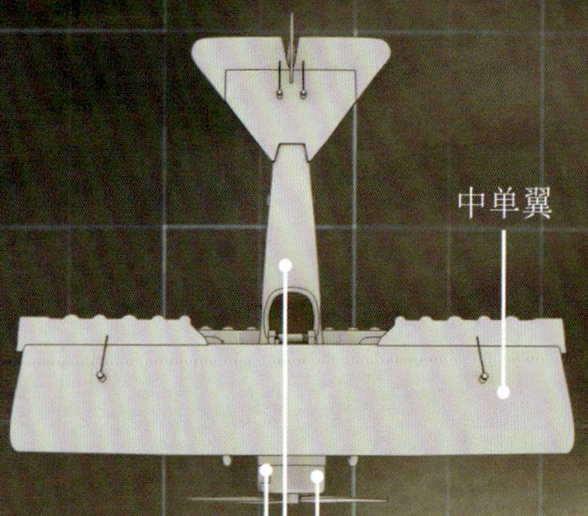

### 中单翼

福克飞机编号为“福克E”，有多种型号，它们都采用正常布局的中单翼，有张线加强，机翼展弦比不大，机动性较好。

### 福克E-Ⅲ(原始型)

- 翼展9.52米
- 最大速度134千米每小时
- 升限3700米

### 福克E(改进型)

- 翼展9.41米
- 最大速度140千米每小时
- 升限3500米

飞机这种有动力、可控制的飞行器问世10年后，第一次世界大战爆发，致使飞机随即投入战争的怀抱。但交战各国的统帅们也曾经产生过怀疑，这种飞行器真的能在空战中厮杀吗？然而，需要是发明之母，战争的扩大促使飞机不得不加入这场混战。各种不同性能的战斗机在英、法、德等国被设计、制造出来。德国福克战斗机就是这一时期诞生的，因为安装了“射击协调器”一时间德国人完全控制了天空，福克战斗机在当时可谓威风至极。

THE RED COMET

# [红色彗星] FOKKER

## 德国福克战斗机

GERMAN FOKKER HAS COMPLETELY CONTROLED THE BLUE SKY

## 3 机枪

一挺口径7.92毫米的机枪装在机头上，位于一台空冷的气缸旋转星形活塞发动机顶部，每分钟可发射子弹800发。

## 王牌飞行员“红男爵”

德军头号尖子飞行员曼弗雷德-冯-里奇特霍芬有一个响当当的绰号“红男爵”。1918年4月，曼弗雷德驾驶着编号“425/17”的“福克Dr. I”三翼机取得了击落2架敌机的战绩。1918年4月，曼弗雷德追逐着威尔弗莱德-梅驾驶的骆驼战斗机深入英军控制区，被敌机击落去世。他是一个时代的英雄，代表着一个时代的理想、憧憬与现实。

## 克服阻力的“外套”

冷发动机发展潜能较高，但必须要动力较大的输出来克服阻力，德国采用以降低阻力的发动机外罩，使得冷发动机的冷却和减低阻力的两大问题都获得适当的缓解。为满足输出马力需求上升的状况，液冷发动机从普遍的V型12汽缸提升为X型24汽缸，气冷发动机则由一排、两排提升到4排汽缸的庞大架构。

## 2 机身

机身将机翼、尾翼、起落架等部件连成一个整体，该机的矩形断面机身用钢管焊成骨架，外覆蒙布。

### 双翼面的应用

在飞机发展初期，发动机的功率不够，且重量大，导致飞机飞行不稳定，建造机体的材料大多是木材和蒙布。为解决升空问题，需要较大面积的机翼，以便在低速条件下产生足够的升力，因此就采用双翼面。双翼机顾名思义就是有两个翼面，机翼总面积较大，并且上下机翼用支柱和张线连成一个承力整体，双翼面会使飞机在飞行过程中更加稳定。

1914年第一次世界大战爆发，飞机作为新式武器首次投入实战。当时法军使用的纽波特战机因为在速度和俯冲攻击这两方面表现不足，前线飞行员要求研制一种马力更足，重量更大的战斗机。于是斯帕德-VII战斗机应运而生。斯帕德-VII战斗机使用150马力的伊斯帕诺-絮扎V8发动机，在速度上要明显优越于纽比特战斗机。虽然在机动性方面还存在着欠缺，但是斯帕德-VII战斗机的平飞和俯冲速度深受前线飞行员的喜爱，给德军留下了深刻的印象。

FOLLOW UP THE VICTORY

# [乘胜追击]

## SPADE-VII

## 斯帕德单座双翼战斗机

SPADE SINGLE-SEAT BIPLANE FIGHTER IMPRESSES PEOPLE MUCH

## 2 发动机

闭式整流罩星型发动机，随着发动机的单机功率从110千瓦逐年提高到220千瓦，斯帕德多种改型机性能稳步提高。

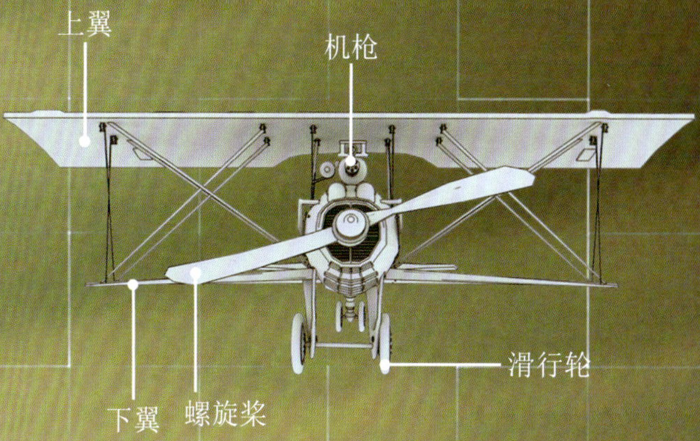

### 斯帕德XIII(原型)

- 机长6.25米
- 空重601千克
- 最大速度218千米每小时

### 斯帕德VII(改进型)

- 机长6.08米
- 空重500千克
- 最大速度212千米每小时

## 1 双层机翼

斯帕德飞机有一个尾部收缩的狭长形机身，装有一对矩形平面无上反角的双层机翼，翼间安排了坚固的支柱与张线。

### 王牌飞行员

1917年1月，居内梅提议在斯帕德VII型战斗机上装载威力强大的37毫米机炮，大威力火炮保证了它拥有一击必杀的能力，射击时大量的硝烟和粉尘会涌进座舱，但这并未阻止居内梅在一分钟之内打下两架敌机！同一天稍晚时候他又击落了另两架敌机。由于这次奇迹般的战斗，他获得了“法兰西荣誉军团军官”的荣誉。

## 王牌飞行员命终“骆驼”

1918年4月20日，德军头号王牌飞行员曼弗雷特·冯·里奇特霍芬上尉在索姆河上空与英国飞机空战，正当追击一架逃跑的英国“骆驼”战斗机时，却被后面突然而来的加拿大飞行员A·R·布朗上尉驾驶的一架“骆驼”击落，当场身亡。这位26岁的王牌飞行员“红男爵”曼弗雷德·冯·里奇特霍芬，最终也没能逃脱“骆驼”的魔掌。

## 金属薄壳整流罩

索普维斯“骆驼”战斗机配备普通的双层机翼，机头处气缸旋转的“克拉盖特”空冷星形活塞发动机被罩上一副用来减阻的明亮的金属薄壳整流罩。这种透明的整流罩透明如同玻璃，圆形结构，因为质量轻，在飞行过程中可以减少阻力。在其上面并列安装了两挺机枪，火力强大。

### 1 机枪

于上层机翼后缘的中央开了一缺口，方便飞行员向上观察，并在其发动机的上部并列安装两挺机枪。

### 2 螺旋桨

螺旋桨旋转时，桨叶不断把空气向后推，桨叶上产生向前的力，即推进力。

THE ACE IN THE SKY

# [空战王牌]

## CAMEL

### 索普维斯“骆驼”战斗机

THORPE DAVIS “CAMEL”FIGHTER WAS THE KING IN WWI

一战中德国的王牌战机“福克”战斗机称霸战空，所向披靡，令英法等国望尘莫及。但一战后期一种新型战机足以给福克以毁灭性打击，它就是“骆驼”战斗机。英国索普维斯公司生产的“骆驼”战斗机华丽登场后，随即在战场上称雄称霸，刮起一场旋风。这种战机在1917年至1918年共击毁敌机1294架，创造了一战单机种战果记录之最。不仅如此，德国王牌飞行员里奇特霍芬就是被一架“骆驼”击落的。

**“骆驼”战斗机**

- 最大速度195千米每小时
- 升限5800米
- 2挺机枪、外挂45.4千克炸弹

**“骆驼”F.1（“骆驼”的路基型）**

- 最大速度185千米每小时
- 升限5774米
- 2挺机枪、外挂22.6千克炸弹

**3 机翼**

采用双层机翼，是典型的双翼机，由张线连接，构成一个整体，使两个机翼连接更牢固，平衡能力更好。

DOMINATING THE SEA

# [独霸水上]PBY卡特林娜水上飞机

PBY CATALINA SEAPLANE GAVE A CONTRIBUTION TO WWII

“二战”期间有一种广泛装备于美英海空军及苏联航空兵的一型水上飞机，其卓越战绩使得这型飞机成了历史上产量最大，用途最为广泛也是最为著名的水上飞机，这种飞机就是——PBY卡特林娜水上飞机（以下简称PBY）。英国空军在1940年11月接收首批PBY后不久，将其命名为“卡特林娜”，得名源自加州沿海旅游胜地卡特林娜岛。它被广泛用于反潜、轰炸、侦察、反舰、运送突击队等，为“二战”胜利立下了汗马功劳。

**PBY**

- 航速275千米每小时
- 2挺12.7毫米机枪
- 船式机身，伞式悬臂机翼

**XP3Y（PBY的前身）**

- 航速274.82千米每小时
- 一挺12.7毫米机枪
- 机翼为传统铝合金结构

### 航空鱼雷

事实上所有列装的PBY都能挂载标准航空鱼雷，但这需要在翼下的炸弹挂架上安装转换器，以挂载鱼雷及所有必要的发射装置（功能包括解除战雷头保险、启动发动机，手动或电动释放鱼雷）。驾驶舱仪表板上方，安装了一具海军研发的鱼雷指挥瞄准器，向飞行员提供瞄准信息及鱼雷释放。

### “黑猫”行动

在所有卡特林娜发展和使用的战术中，最壮观的是1942年中期在西南太平洋实施的夜间搜索攻击，此战术被称为“黑猫”战术。在安装了雷达后，PBY被用于夜间袭扰性攻击。PBY白天装载大量燃油和弹药，在夜幕的掩护下悄然进入敌人控制的地区。严重干扰了日本岛屿驻军，黑猫行动在1943年年末达到最高潮。

## 武器装备

攻击武器包括4枚147千克深水炸弹，4枚225千克炸弹，或两枚646千克Mark XIII鱼雷。

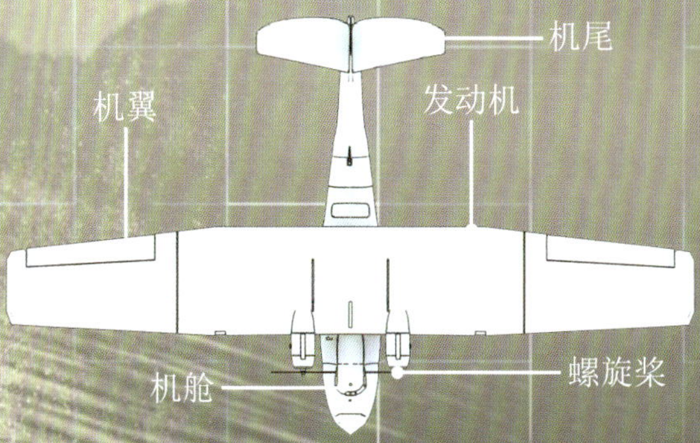


## 2 螺旋桨发动机

起飞时，螺旋桨发动机产生的拉力会拖着它快速度在水面上滑行，当升力克服重力时，飞机会从水面上飞起。

THE ROYAL CLASSICS

# [英皇经典] GLADIATOR 角斗士战斗机

GLADIATOR FIGHTERS SHOT DOWN THE GERMAN FIGHTER'S RECORD

战斗机是从双翼机逐步发展到单翼机的。在新旧事物交替之际，往往旧的事物还存在某些实用价值。比如"二战"初期，个别双翼战斗机还曾被短期使用。"角斗士"就是"二战"中被使用的双翼机，1939年9月"角斗士"首飞，总共生产了231架，装备了26个皇家空军飞行队。曾参加截击德军轰炸机的行动，有过击落德军战机的战绩。并在1940年4月，在意大利对北非、中东等地发动攻击时，"角斗士"面对较弱的意大利战斗机取得了不俗的战绩。

### 王牌飞行员座机

1938年~1939年，英国皇家空军紧急增加300架"角斗士"，战争开始时"角斗士"参加法国前线的战斗，参加了挪威战役。国民党空军抗战初期有位王牌飞行员20世纪30年代初在美接受飞行训练，他的座机就是英国的格罗斯特"角斗士"。

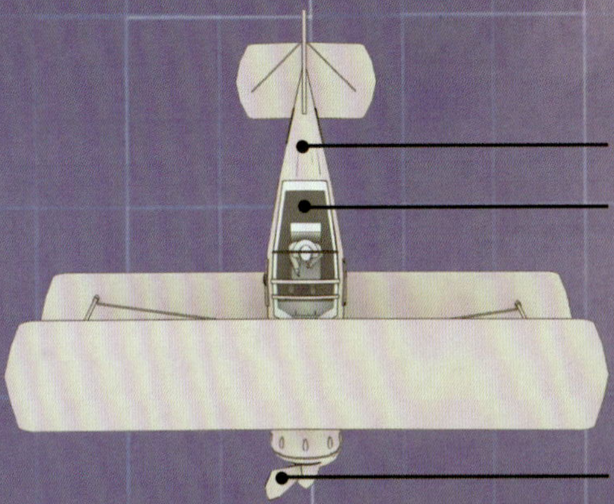


### 螺旋桨

该机的螺旋桨位于飞机头部，配有两个桨叶，通过旋转将发动机转动功率转化为推进力的装置，桨叶的向后一面为螺旋面。

## 2 驾驶舱盖

座舱盖是飞机驾驶员或空勤组在机身中的专门座舱上方的透明玻璃天盖，该机是首架装有活动透明舱盖的英国战斗机。

**“角斗士”战斗机（“二战”时期）**

- 机长8.38米
- 最高时速407千米
- 4挺7.7毫米机枪

**“飓风”战斗机（“二战”时期）**

- 机长9.75 米
- 最高时速511千米
- 8挺7.7毫米机枪

### 后三点起落架

起落架是航空器下部用于起飞、降落或者在地面滑行时支撑航空器，并且用于地面移动的附件装置。早期的飞机大都是采用后三点式起落架，起落架有两组主轮和一组尾轮支撑整个飞机，飞机重心位于主轮之后。在20世纪40年代以前曾被广泛使用，其最大优点是其结构简单，落地时三组机轮可以同时触地。

## 3 滑油散热器

活塞发动机是靠滑油的不断循环流动降低发动机温度，飞机的进气口后就有滑油散热器，它是用来冷却滑油的。

### F4F战斗机

- 最大飞行速度533千米每小时
- 航程1239千米
- 6挺12.7毫米机枪和2枚45千克炸弹

### F4F-2(F4F的改型)

- 最大飞行速度512千米每小时
- 航程1239千米
- 2挺12.7毫米机枪

## 密闭式座舱

飞行员座舱为密闭式，位于机翼的中央，在机翼下方两侧各有一个观测窗。座舱除具有保护人体免受航空中异常环境因素危害的作用外，在提供一定舒适条件和提高飞行劳动效率方面也具有重要作用。该机的密封式座舱能有效地防护高空飞行时低气压、缺氧、寒冷等问题，为飞行员提供了良好的驾驶环境。

众所周知，日本偷袭珍珠港给美国带来巨大损失。珍珠港事件当天，中队长普托奈姆少校率剩下的4架F4F从硝烟中强行起飞英勇迎击敌机。1941年初F4F正式在美国海军服役，取代性能落后的F2A"水牛"战斗机。F4F的生存能力较强，由于它坚固的结构和过硬的质量，使飞行员在危机中可以更好地逃脱。1943年F4F被F6F"泼妇"取代，F4F继续在轻型航空母舰和护航航空母舰上使用，直到战争结束。

SCRATHING THE SKY

# [利爪划空] F4F战斗机

F4F FIGHTER WAS OFFICIALLY SERVED TO AMERICANS IN 1941

## 1 座舱

飞行员座舱内只容纳一名飞行员，座舱四周是透明的，可以让飞行员的视野更开阔。

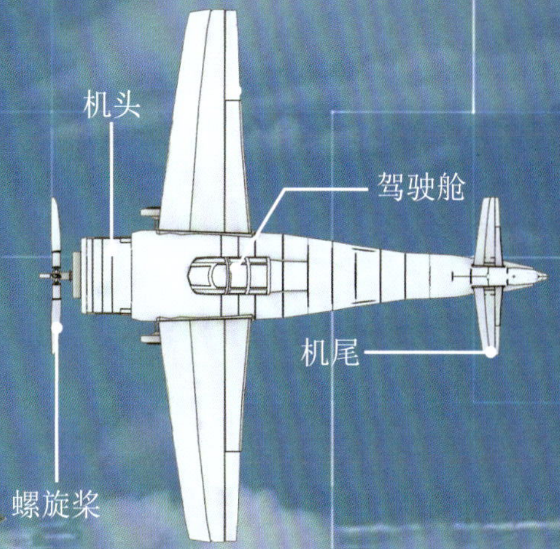


## 强劲的发动机

该机翼上配备了6门口径12.7毫米机关枪，并安装了强劲的1200千牛"惠特尼"R-1830-36空冷星形活塞发动机，该发动机是一种双排14缸星形气冷活塞式发动机，它的总排量为1830立方英寸（约合30升），因为有如此强劲的发动机，使其一经问世，便以其卓越性能，开始挑战"零"式飞机的制空权。

## 2 机身

F4F为全金属半硬壳，应力蒙皮以铆钉接合，中单翼内有两条主梁，方形翼端，翼剖面采用NACA 23015系列。

## 3 机翼

机翼上装有6门机关枪，机翼携带两枚100磅（约45.36千克）炸弹，远距离作战时机翼携带58加仑附加油箱。

**P-38(最初生产型号)**

- 发动机双发
- 哈密尔顿标准公司液压驱动空心钢螺旋桨
- 2挺M2重机枪

**P-38E(派生型号)**

- 发动机双发
- 寇蒂斯公司电气驱动硬铝螺旋桨
- 4挺12.7毫米机枪

1936年，美军陆航公布了一个双发（双发动机）截击机设计要求，由美国洛克希德·马丁公司研制，传奇人物凯利·约翰逊主持设计，1937年6月23日陆军采纳了洛克希德·马丁公司的设计，1939年1月XP-38原型机交付使用，1月27日首飞成功，命名P-38。P-38是二次大战中美国著名战斗机之一。1943年，美军第339战斗机中队的P-38战斗机成功地猎杀了山本五十六的座机。由于P-38采用双尾撑布局，看起来好像是两个机身，被当时的轴心国军队称为“双身恶魔”。

THE DEVIL IN DUAL IDENTITY

# [双身恶魔] P-38战斗机

P-38 SEEMS LIKE HAVING TWO FUSELAGES WHEN WORKING

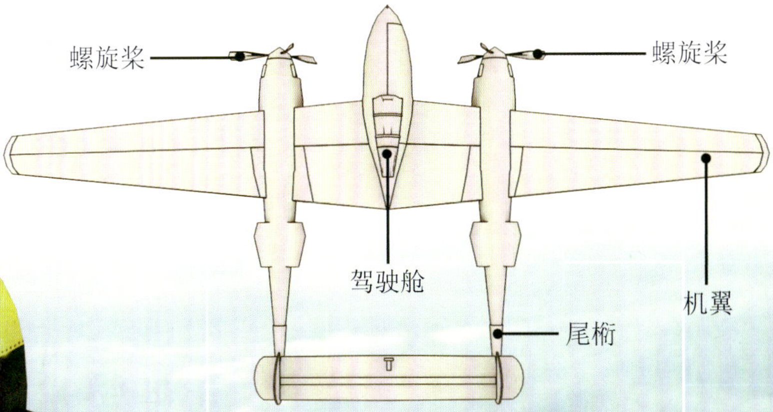


## 2 机翼

机翼分为左右两个翼面，对称分布在机身两边，机翼内还装有战斗机武器，从两翼武器射出的子弹会在飞机前方某点会合。

## 暗杀山本五十六

1943年4月14日，日联合舰队司令山本五十六乘坐一架陆攻机前往所罗门前线视察。P-38准时到达伏击点，美军击落一架“零”式机后，咬住这架陆攻机，猛烈开火后使这架陆攻机发动机起火坠入大海。事后，日军在飞机残骸里发现了山本尸体，他身中两弹，显然在坠机前就毙命了。

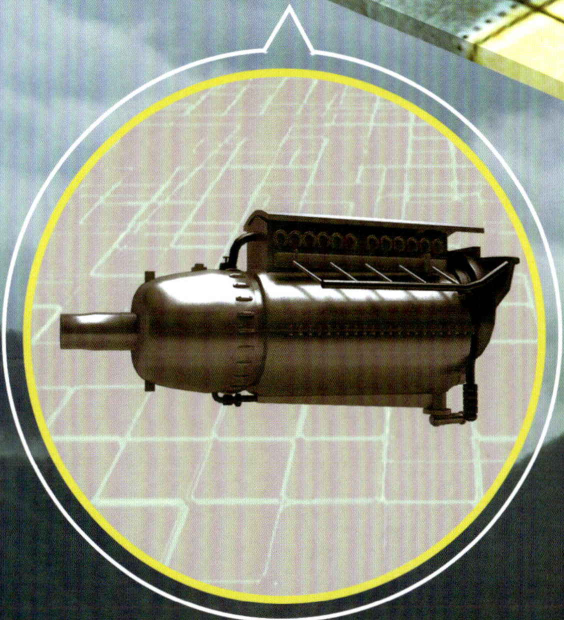

## 两具发动机的运作

它的两具发动机都是不可或缺的，起飞时如果一具发动机出了故障，另一具发动机就会使飞机往运作中的发动机一方滚转。但P-38发动机产生的扭矩太大，使飞机会进入不对称滚转，翻过来坠向地面。最终，P-38引擎被修订为：减少能工作的那台发动机的推力，故障的发动机螺旋桨改为顺桨，然后慢慢增加推力直到飞机能够平稳飞行。

THE AMAZING PLANE AT NIGHT

# [夜间神器] HE219猫头鹰战斗机

GERMAN HE219 OWL FIGHTER HAS MANY ADVANCED EQUIPMENTS

HE219“猫头鹰(枭)”式双座双发(双发动机)战斗机是第二次世界大战时期德国空军最优秀的夜间战斗机种。也许只有美国洛斯罗普公司的P-61“黑寡妇”式夜间战斗机才具备与HE219一样的夜间作战能力。它是德军唯一可以在各方面都能抗衡英国“蚊式飞机”的活塞式夜间战斗机。HE219具有速度快、操作灵活的特点、并具备毁灭性的火力配置,拥有许多先进设备,堪称夜间神器。

### 发展机的战机需求

1941年后期,英国皇家空军的夜间轰炸机群已经发展得非常强大。特别是夜间截击雷达(德律风根Telefunken公司的FUG212“里希施泰因Lichtenstein”BC雷达)上机以后,其额外的重量和笨拙的天线外形严重降低了战斗机的速度和机动性能。部队急需速度快、机动好、火力猛的新型夜间战斗机。

### 双人座舱

飞行员须并肩坐在一个双人座舱里,有良好的协同操作能力,其中一个驾驶飞机,另一个操作仪表导航。

## 2 发动机

采用简单的DB 603V12液冷式发动机，是二次大战期间服役于纳粹德国空军的一款发动机，属于液冷型直列式发动机。

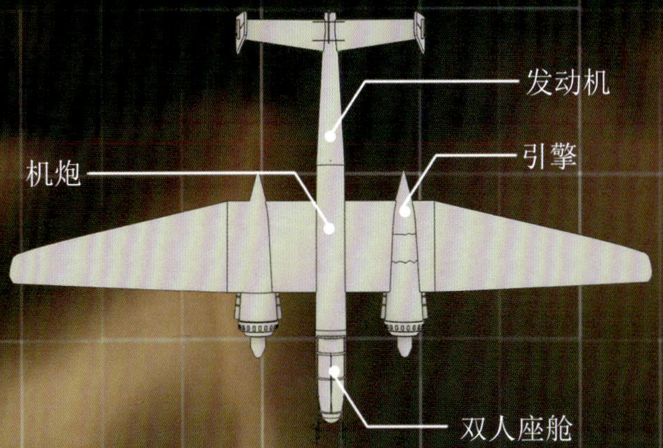


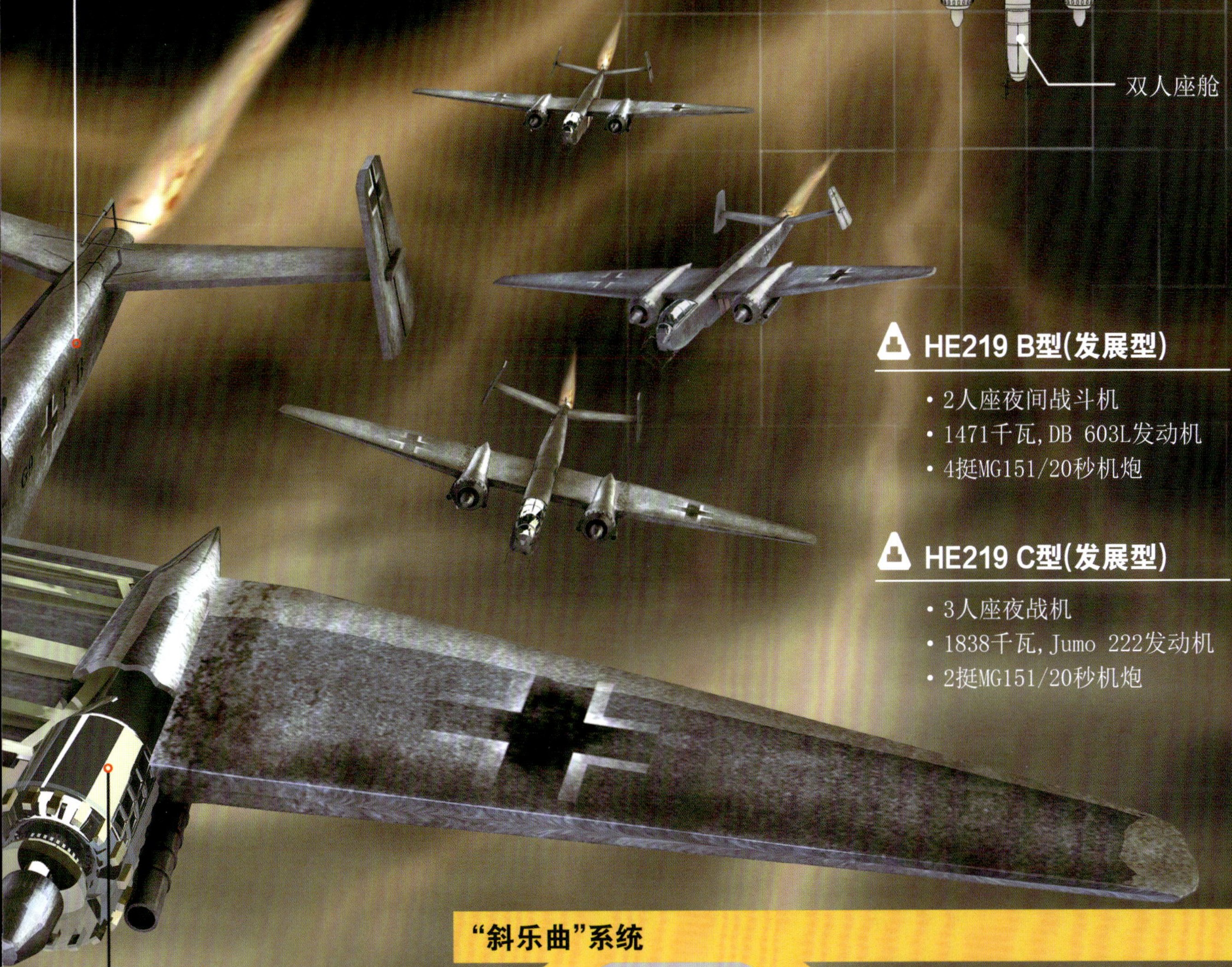

### HE219 B型(发展型)

- 2人座夜间战斗机
- 1471千瓦，DB 603L发动机
- 4挺MG151/20秒机炮

### HE219 C型(发展型)

- 3人座夜战机
- 1838千瓦，Jumo 222发动机
- 2挺MG151/20秒机炮

### “斜乐曲”系统

第一架搭载“斜乐曲”系统的HE219。该系统由两门成65度角向斜上方布置的“MK108”30毫米机炮(每门配弹100发)组成，专门由下方射击英军轰炸机防御较弱的腹部，配合“里希施泰因SN-2”机载雷达一起在1942年年末~1943年年底成为了英军轰炸机群的噩梦。它后来开始在A5系列上出现，到A7系列已经成为标准配置。

## 3 引擎

引擎置于一个特殊形状的壳体内，整体又粗又长，未采用传统管状外形，两台引擎可整体安置在机翼上。

## 2 发动机

后期的零式安装了装甲后，虽换了功率更大的小型发动机，但单位功率并未提高，格斗性能因无法改进反而有所下降。

## 1 超级铝合金

日本住友金属工业公司当时合成了一种超级铝合金，这种铝合金比钢还硬，因此零式采用了很细的飞机框架。

### 零式战斗机(原型)

- 发动机：中岛“荣”12型
- 1挺7.7毫米口径机枪
- 最高速度518千米每小时

### A6M1(演变型号)

- 发动机：“瑞星”13型
- 2挺7.7毫米口径机枪
- 最高速度565千米每小时

### 神风特攻队

零式战斗机是当时日本在太平洋战争的主力战斗机，也是神风特攻队自杀爆炸攻击的主要机种。日本“神风突击队”是由十六七岁青少年组成的自杀性质的敢死队。当时，面对盟军的最后进攻，一批又一批稚气尚未脱尽的日本青少年，在空战中高呼“效忠天皇”的口号，驾驶飞机冲向对方与之同归于尽。

NAZI'S HERO

# [帝国狂花] ZERO 零式战斗机

ZERO FIGHTERS STAND FOR THE SPIRIT OF JAPANESE NAVY

太平洋战场是“二战”时期反法西斯斗争的重要战场，是反法西斯战争的重要组成部分。在整个太平洋战场中，零式战斗机的踪影随处可见，堪称日本海军在“二战”时最知名的战斗机。此款战斗机之所以把它取名为“零式”是因为其生产年为1939年是皇纪（日本的一种纪年体）2600年，后两个数字刚好是“00”而取名。零式战斗机代表第二次世界大战前日本航空工业的最高水平，是日本海军的象征，也是第二次世界大战、太平洋战争中日本海军的主力战斗机。

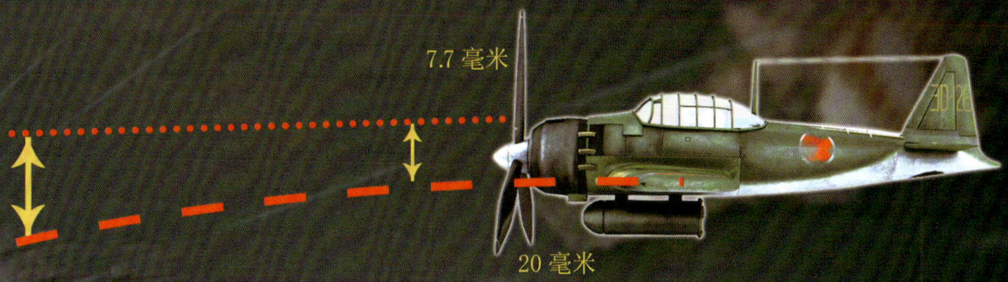


## 长炮管九九式二号炮

早期零式战斗机的99式20毫米机炮的炮口初速低导致有效射程短、贯穿力不足，弹道弯曲又散射。中后期的零式战斗机改为搭载提高初速的长炮管型九九式二号炮，弹药基数也经历了两次提升，飞行员们十分欢迎这项改变，但在零式战斗机上使用新款机炮射击时弹道发散的问题依旧严重。

## 3 气泡形座舱

该机是第一个使用气泡形座舱的飞机，气泡座舱的优点在于没有框架、对视野影响小、流线型好、阻力小。

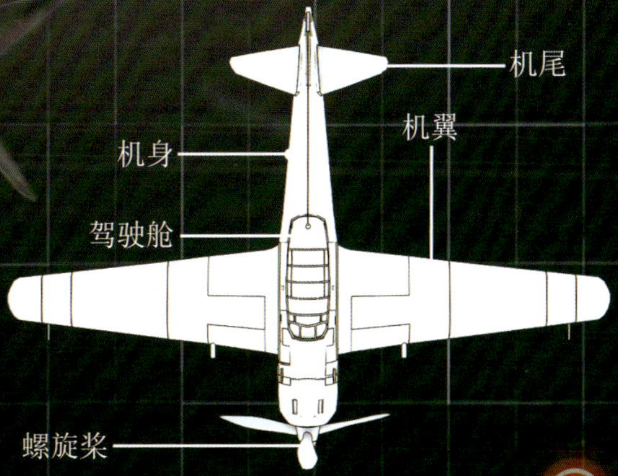

### F4U战斗机(原始型)

- 帕拉特-惠特尼R-2800-18W发动机
- 功率1828千瓦
- 最高速度717.75千米每小时

### XF4U-1(改进型)

- 帕拉特-惠特尼R-2800-4星型发动机
- 功率1380千瓦
- 采用了更坚固更重的全铝蒙皮

## 倒海鸥翼布局

飞机的机翼采用了倒海鸥翼的布局。上段机翼与机身呈90度夹角，这种布局很好地呈现了中翼布局低阻的优点，其次，这种设计可以使用较短的起落架，而不像直翼战斗机那样需要长长的起落架，最后，作为一种舰载机，倒海鸥翼的设计使得机翼即便向上折叠后，也具有比较低矮的外形，可以省出航母机库顶部的空间。

## 螺旋桨

F4U战斗机配备一大型螺旋桨，3叶螺旋桨直径有13英尺4英寸(4.06米)。桨叶的剖面形状与机翼的剖面形状很相似，前桨面相当于机翼的上翼面，曲率较大，后桨面则相当于下翼面，曲率近乎平直，每支桨叶的前缘与发动机输出轴旋转方向一致，所以，飞机螺旋桨相当于一对竖直安装的机翼。

## 发动机

采用了当时输出功率最大的塞活发动机R-2800，功率达到1491.4千瓦，而同时期的军机多数的引擎功率只有745.7千瓦。

THE KING OF PIRATE

# [海盗之王]F4U战斗机

F4U FIGHTERS HAVE ACHIEVED A LOT OF AMAZING RECORDS

提起海盗，我们会想到他们的残暴、凶恶，我们会厌恶其掠夺行径。只要他们瞄准了抢劫目标，就绝不会让其轻易逃脱。“二战”期间，有这样一种战斗机，它被称为F4U海盗式战斗机，是美国海军所研发的一种舰载机与陆基战斗机，服役于第二次世界大战至朝鲜战争期间，它得名于如同海盗一样的霸道凶猛。据美国海军统计，F4U的击落比率为1:11，即每击落11架敌机才有1架被击落，拥有着骄人战绩，想打败它可不是件简单的事情。

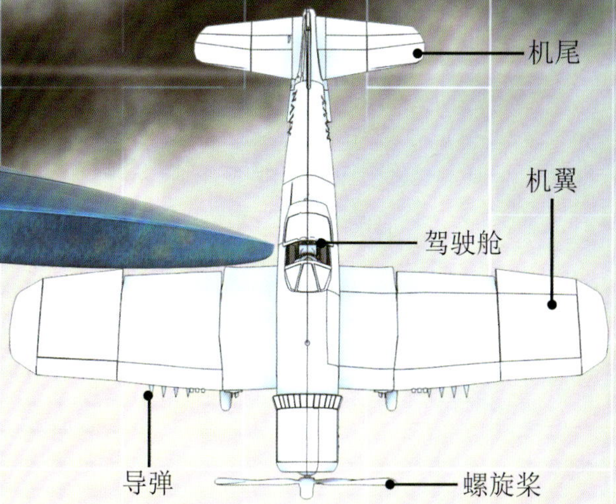


## 2 机翼

F4U战斗机机翼是“弯曲”的，最主要作用是产生升力，同时也可以在机翼内部置弹药仓和油箱。

FIRE FROM THE HELL

# [地狱阳炎] B-29轰炸机

B-29 BOMBER WAS ONE OF THE MOST ADVANCED WEAPONS

早在美国参加第二次世界大战以前，美国陆军航空队司令亨利·阿诺德便希望能够发展一种长距离战略轰炸机，B-29超级堡垒轰炸机（以下简称B-29）是美国波音公司设计生产的重型螺旋桨战略轰炸机。主要在美军内服役。B-29是第二次世界大战以及朝鲜战争等亚洲战场的主力战略轰炸机，其命名延续先前有名的B-17飞行堡垒式战略轰炸机。B-29不单是二次大战时各国空军中最大型的飞机，同时亦是当时最先进的武器之一。

**增压舱的使用**

因为轰炸机需要在高空打开炸弹舱投弹，所以采用全增压直通舱是不切实际的，波音公司决定只在驾驶舱和机身中段有人员的部位进行气密增压，形成前后独立的增压舱，增压舱之间由通过炸弹舱上方的气密管道相连，机组可以通过管道达到另一个气密舱，这个特点被以后波音公司生产的所有的远程轰炸机设计所继承。

**机舱**

首次使用加压机舱，机员无须长时间戴上氧气罩及忍受严寒，但并非整个机体都有加压，驾驶舱和机尾后才有。

### 马里亚纳群岛战场

美国陆军及海军陆战队在1944年占据马里安纳群岛上的关岛、塞班岛及天宁岛，并开始在岛上修建机场。这些机场成为美军在二战最后一年空袭日本的基地。群岛上的基地可以由海路轻易获得补给。1944年11月24日，岛上111架B-29轰炸东京。自此展开B-29对日本本土越加猛烈的空袭，一路直至战争完结方才结束。

### B-29(美国“二战”轰炸机)

- 最大速度574.53千米每小时
- 巡航速度354.05千米每小时
- 爬升率274.32米每分

### B-24轰炸机(美国“二战”轰炸机)

- 最大速度756.39千米每小时
- 巡航速度556.83千米每小时
- 爬升率312米每分

### 3 螺旋桨

换装了4叶约5米长的变距螺旋桨，早期出厂的B-29涂成机体上表面为橄榄绿、下表面为中灰色。

### 2 发动机

配备了R-3350燃油喷射发动机，发动机舱外形的变化很大，新的发动机应用到了B-29A后期型的生产中。

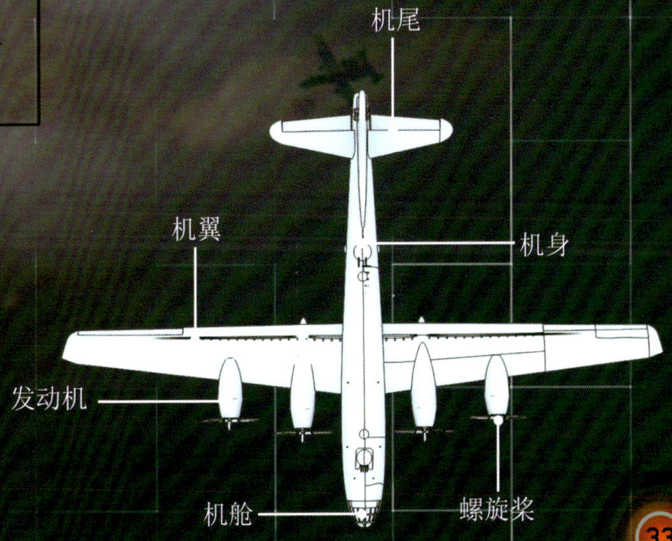

THE WING OF AIR FORCE

# [空军之翼] MiG-15战斗机

THE NUMBER OF MIG-15 JET FIGHTERS IS MORE THAN 16500

米格(以下简称MiG)-15是一种高亚音速喷气式战斗机，1946年开始设计，1947年6月首次试飞。由于第一架原型机制作粗糙，第一次着陆就机毁人亡。第二架原型机重新设计，于1947年12月首次试飞成功。在1948年6月正式投入生产，并成为苏联空军的主力战机。它是苏联第一代喷气式战斗机的代表，它的出现极大地彰显了苏军的实力。据统计，MiG-15各型机总产量超过16 500架，是苏联制造数量最多的喷气式飞机。

**MiG-15(喷气式战机)**

- 装有N-37型37毫米机炮
- WP-5型离心式喷气发动机
- 装有500千克炸弹

**F-86佩刀战斗机(喷气式战机)**

- 装有6挺M-3型12.7毫米机枪
- J-47涡轮喷气式发动机
- 装有900千克炸弹

**机翼**

后掠式中单翼布局，后掠角45度，双梁结构，内侧有后退式襟翼，起飞和着陆可放下不同角度，机翼根部有起落架舱。

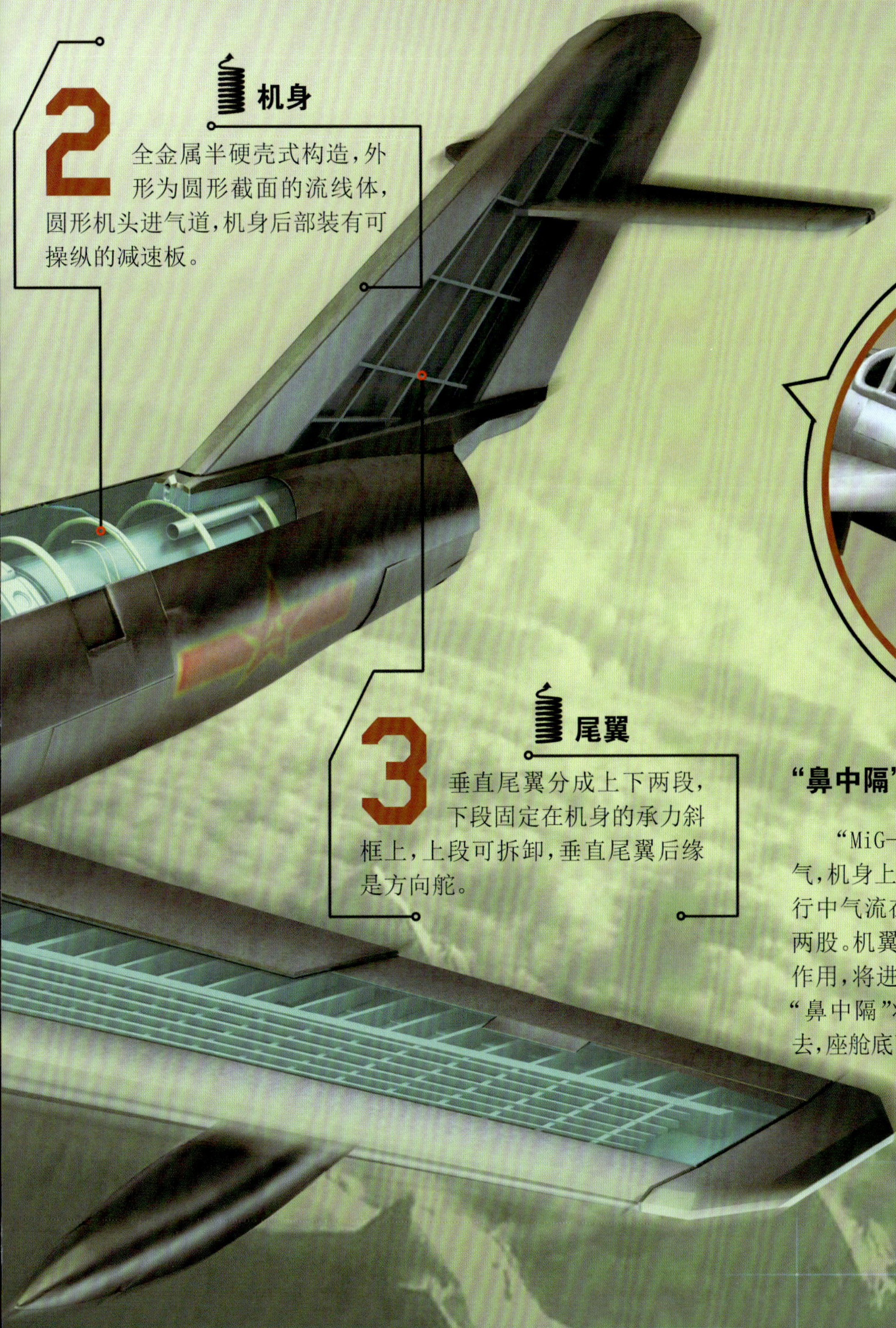

## 2 机身

全金属半硬壳式构造，外形为圆形截面的流线体，圆形机头进气道，机身后部装有可操纵的减速板。

## 3 尾翼

垂直尾翼分成上下两段，下段固定在机身的承力斜框上，上段可拆卸，垂直尾翼后缘是方向舵。

### “鼻中隔”进气道

“MiG-15”进气道为原型气道，采用机头进气，机身上方为水泡形座舱，内置弹射座椅。飞行中气流在机头由进气道内的隔板分为左右两股。机翼穿透机身，与进气道内的隔板共同作用，将进气气流分为四股。MiG-15进气口的“鼻中隔”将进气一分为二，从座舱两侧绕过去，座舱底下的空间正好用作前起落架和航炮。

### 后掠翼

苏联专家吸收了德国技术，完善了后掠翼设计，并应用于MiG-15。机翼带后掠角向后倾斜，机翼后掠的程度用后掠角的大小来表示，掠角为锐角。与平直机翼相比，后掠翼的气动特点是可增大机翼的临界马赫数，并减小超音速飞行时的阻力。后掠翼飞机的机动性、操作性及灵敏性大大加强了飞机的生存能力。

THE RETIRED AIRCRAFT

# [退役战机] F-86战斗机

AMERICAN F-86 FIGHTER IS THE FIRST SWEPT-WING JET FIGHTER

“二战”结束后，两极格局形成。美国和苏联两国展开军备竞赛，各自都对喷气式飞机进行研制，由此产生了他们各自的第一代喷气式战斗机。美国第一代喷气式飞机的代表是“F-86”，于1945年5月开始设计，1949年5月开始装备部队。它是美国原北美航空公司研制的美国第一种后掠翼喷气式战斗机，也是北约集团及日本在20世纪50年代使用最多的战斗机，美国和其他一些国家共生产了11 400架左右。

### 老将出马

美军F-86的飞行员中除了新进飞行员外，也有不少“二战”的老手及空中王牌。特别是“二战”后转为后备部队的飞行老手也逐次应召参战。这些资深飞行员或许体型发福，但是一旦到了空中，上千小时的飞行经验培养出来的老练狠辣，不是年轻的毛头小伙子可以比得上的。

### F-86D(F-86型号之一)

- 全天候截击机
- J47-GE-17涡轮喷射发动机
- 微电脑控制燃料的系统

### F-86B(F-86型号之一)

- 白昼型佩刀机
- J47-GE-27发动机
- LABS低空轰炸系统

### 武器装备

机头装6挺M-3型12.7毫米机枪，H型换装4门20毫米口径航炮，翼下挂2枚“响尾蛇”导弹和454千克炸弹。

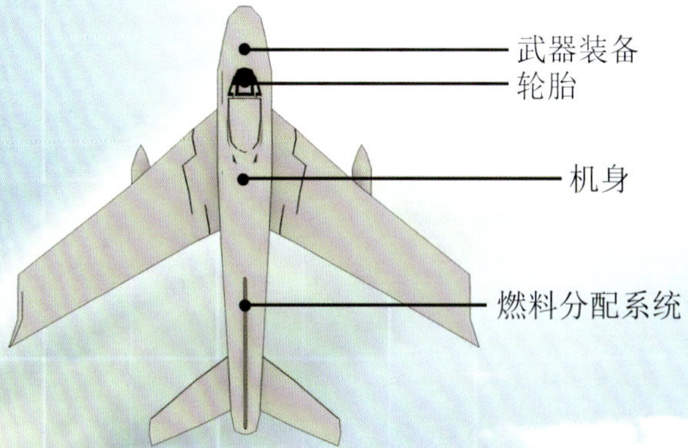


## 优势之处

“F-86”与“米格-15”相较之下，最大水平空速较低，最大升限较低，中低空爬升率较低，但其高速状态下操控性极佳、运动性灵活，是一个稳定的射击平台，配合雷达瞄准仪，能在低空有效对抗来自苏联、东欧的米格-15。武器系统包括6挺勃朗宁M2HB12.7毫米重机枪，6挺机枪的子弹会于离机首1000尺（333.3米）集于一点。还可携2000磅（907.18千克）炸弹或8枚火箭。

## 2 性能

最大速度960千米每小时，实用升限15 000米，巡航速度850千米每小时，爬升率40米每秒，作战半径750千米。

## 3 燃料分配系统

采用微电脑控制的燃料分配系统，飞行员推动飞行杆时，微电脑根据进气量、发动机与后燃器的状况供给燃料。

**丢失的核弹**

丢失核弹事件发生在1958年2月5日的美国佐治亚海岸。当时一架携带原子弹的B－47轰炸机与一架F－86歼击机相撞。B－47轰炸机受到严重损坏，但还可以飞回基地。在试图着落不成功后，飞行员“霍华德·里查德森”少校决定丢弃这枚核弹。据悉，冷战时期美军共丢失了11枚核弹。

**弹舱**

弹舱长7.9米，可以挂一枚4500千克的核弹，也可携带13枚227千克或8枚454千克的常规炸弹。

朝鲜战争本是一场朝鲜与韩国两个意识形态对立的政府之间的战争，同时美国、中国、苏联等18个国家也不同程度地卷入了这场战争。美国和苏联在此期间投入了大量的武器装备，在这一战争期间，美国使用了B-47轰炸机。它是美国也是世界上第一种实用的中程喷气式战略轰炸机，是第一种大规模生产的后掠翼喷气式轰炸机，由美国波音公司研制。1947年12月17日首架原型机首飞。

BROKEN ARROW CRISIS

# [断箭危机] B-47轰炸机

B-47 BOMBER WAS NEVER PARTICIPATED IN ACTUAL BATTLEFIELD

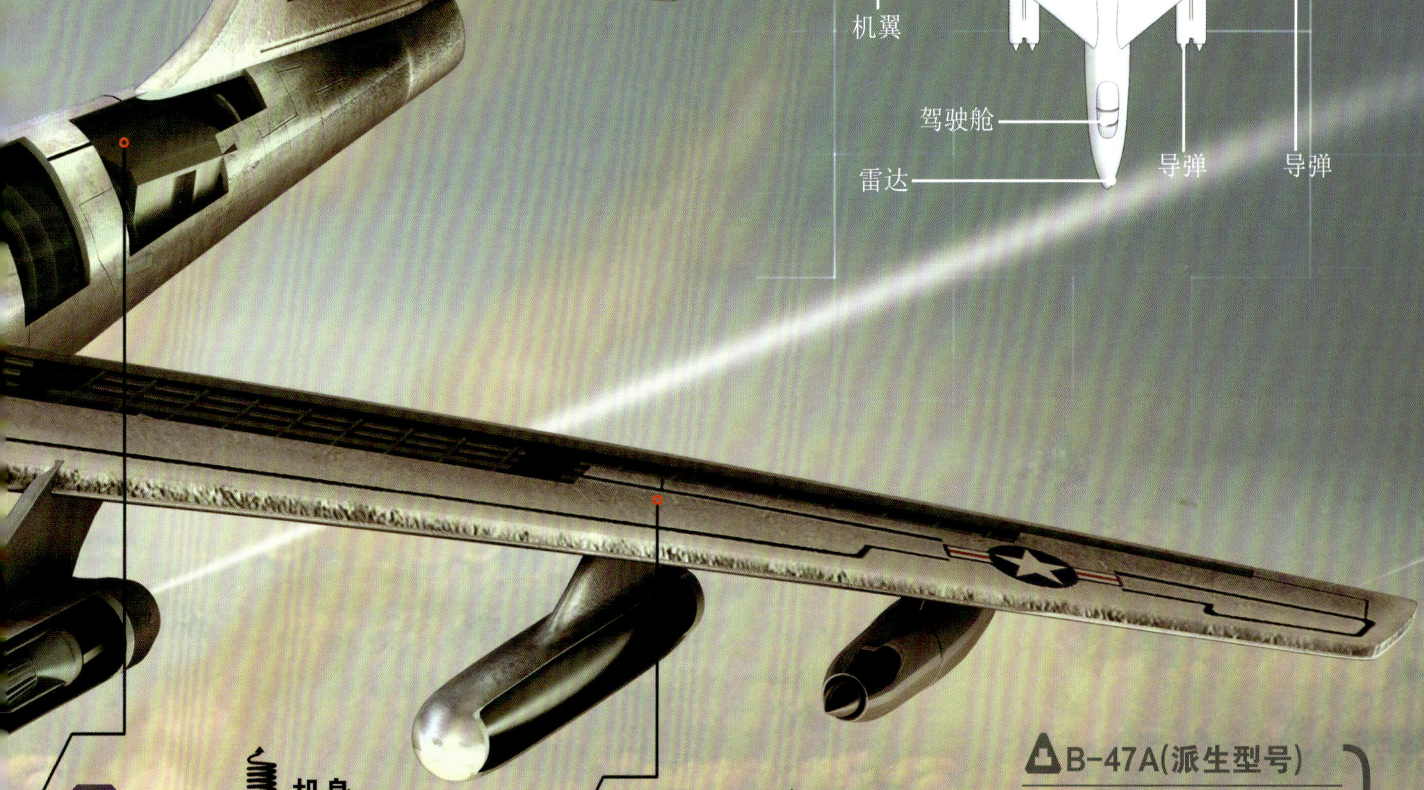

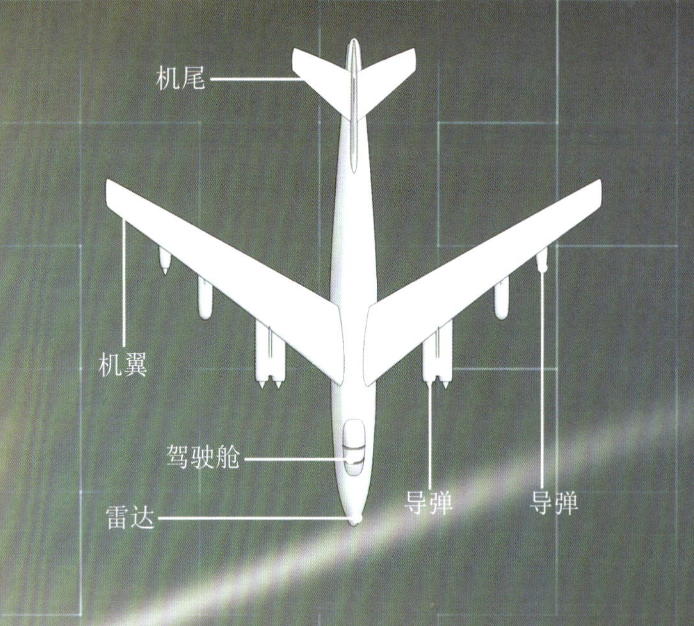


### 2 机身

全金属受力蒙皮半硬壳式结构，蒙皮用桁条和隔框加强，机身截面为椭圆形；机身前段配置乘员密封座舱。

### 3 机翼

机翼为悬臂式上单翼，平面为梯形，全金属受力蒙皮双梁结构，蒙皮采用桁条加强，机翼内侧后有开缝式襟翼。

### B-47A(派生型号)

- 6台J47-GE-11型发动机
- 装有18个固体燃料火箭助飞器
- 总重72吨

### B-47E(派生型号)

- 6台JF7-GE-25A涡喷发动机
- 33支可投掷的助飞火箭
- 总重103.5吨

## 阻力伞的应用

飞机着陆滑跑中，由飞行员操纵打开伞舱门，引导伞首先张开，将伞袋拉出，打开主伞，伞衣被拉出张开后可增大空气阻力，使之减速。飞机对进场和着陆速度要求很高，一个漏斗形减速伞被用来允许进场和着陆时发动机仍然携带足够的动力，确保油门快速运动。着陆后，一个32英尺(9.6米)的制动减速伞以及防滑制动使飞机停止。

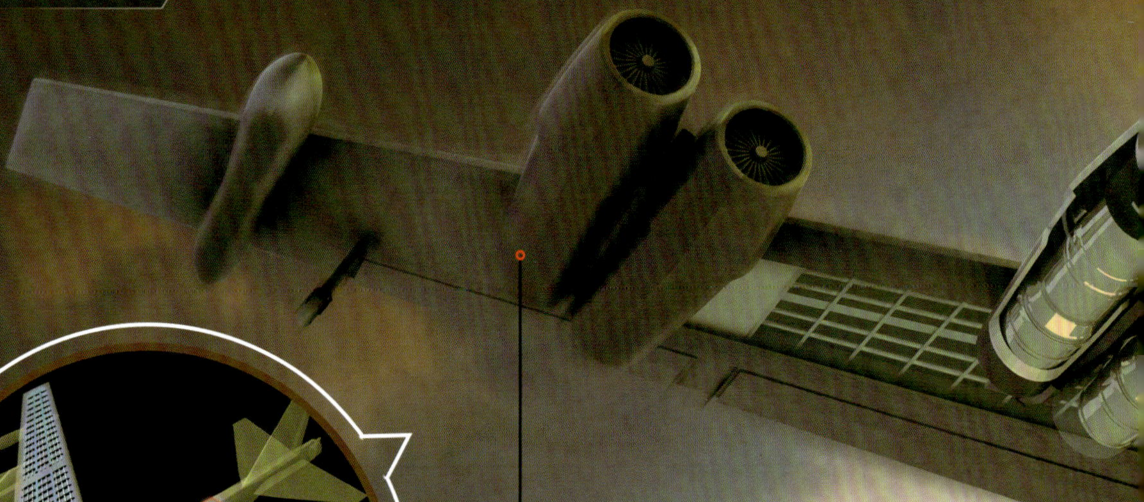

**油箱布置**

大量机内空间用于设置油箱，翼身载油量合计147 120升。为避免飞行中机身弯曲造成的渗漏，使用了软式燃料囊而非整体油箱，燃料配平由副驾驶手动完成。平整的弹舱天花板同时也是油箱地板，两侧设有加强筋以提高整体结构强度。液压对开弹舱门被设计成上下两段，其中下面板为三段式。

**发动机**

B-52轰炸机是迄今为止美国最重的轰炸机，动力部分为8台普惠公司生产的TF33-P-3/103涡轮风扇发动机。

美国的重型战略轰炸机开发计划最早可以追溯至1945年6月，当时日本还在太平洋极力抵抗盟军的步步进逼。航空装备司令部按照美国陆军、空军的要求，决定研制新一代战略轰炸机。根据美军在“二战”时期实战环境下存在的航程不足、对前线机场依赖过高等问题，美国军方决定研发巡航速度更快、升限更高的战略轰炸机。随后研制了波音B-52亚音速远程战略轰炸机。

THE BARRIER

# [同温壁垒] B-52轰炸机

B-52 BOMBER IS A SUBSONIC LONG-RANGE STRATEGIC BOMBER

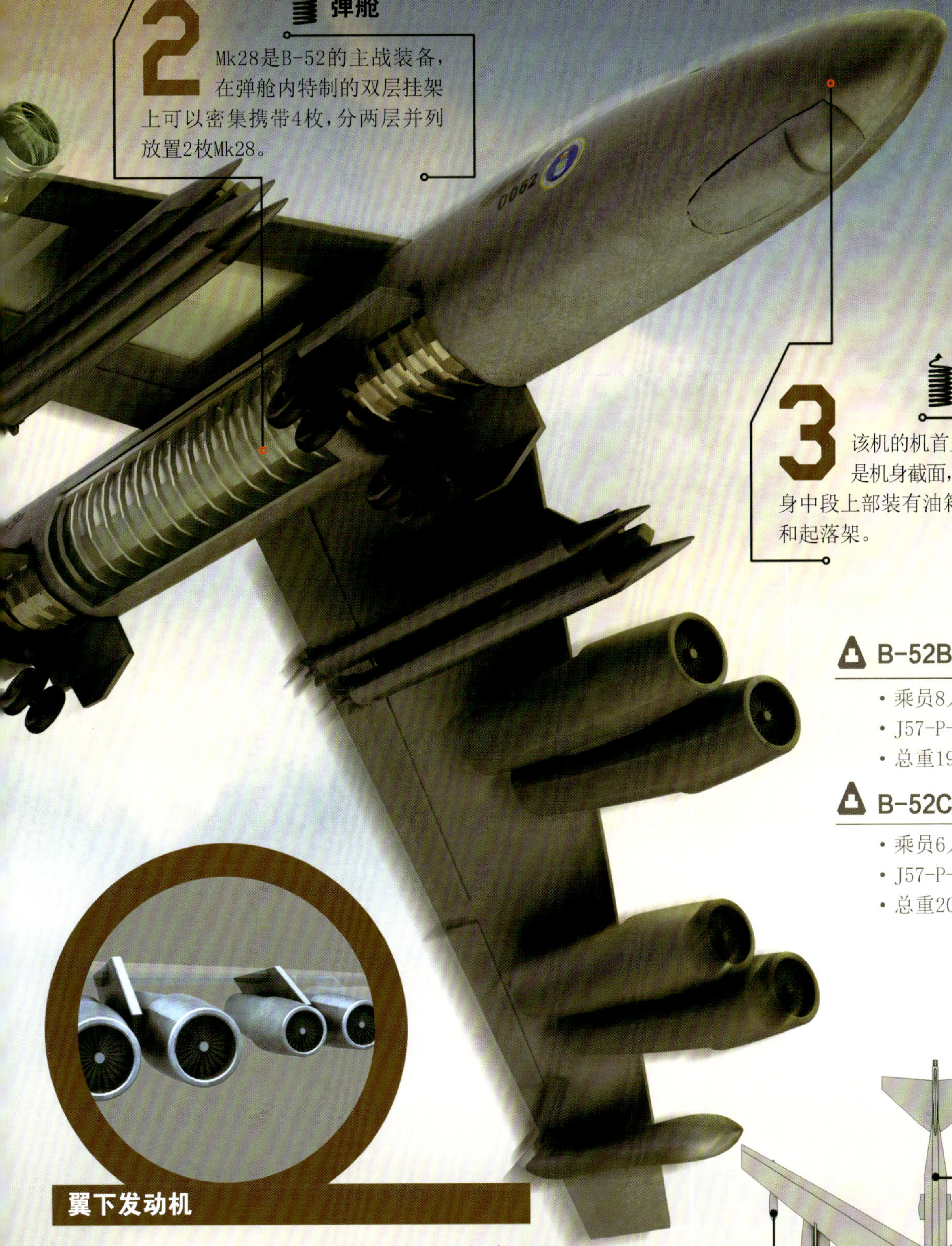

## 2 弹舱

Mk28是B-52的主战装备，在弹舱内特制的双层挂架上可以密集携带4枚，分两层并列放置2枚Mk28。

## 3 机首

该机的机首呈椭圆型，构面是机身截面，也是椭圆形，机身中段上部装有油箱，下部为弹仓和起落架。

### B-52B型(派生型)

- 乘员8人
- J57-P-19W发动机
- 总重190.5吨

### B-52C型(派生型)

- 乘员6人
- J57-P-29发动机
- 总重204吨

### 翼下发动机

XB-52和YB-52都安装8台普惠YJ57-P-3轴流涡轮发动机，单台推力38.7千牛。8台引擎分4组安装在发动机短舱内，短舱依靠悬臂吊挂在翼下，突出于机翼前缘。发动机重力使机翼飞行载荷减少了10%~15%。吊臂还能充当翼刀，有助于推迟失速并提供横向稳定。

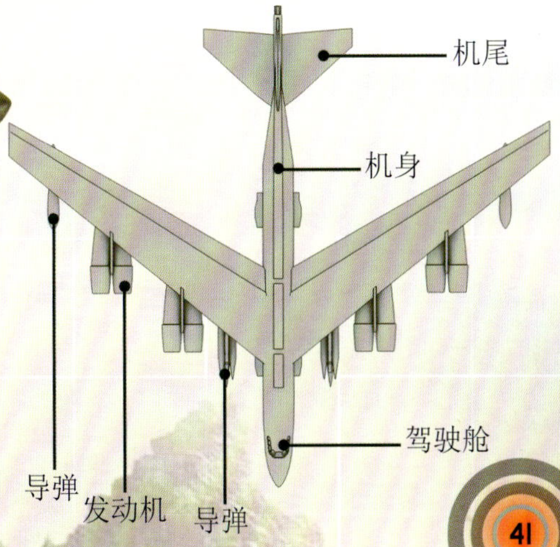

# [獾式战机]Tu-16轰炸机

THE BADGER

TU-16 BOMBER IS A SUCCESSFUL IMITATION OF AIRCRAFT

图(以下简称Tu)-16轰炸机是苏联图波列夫设计局为苏联空军设计的双发高亚音速中程轰炸机，是根据能对西欧北大西洋公约组织成员国的重要军事目标进行战略轰炸的要求而设计的。性能和尺寸大致和美国的B-47、英国的“勇士”、“胜利者”和“火神”轰炸机相当。Tu-16轰炸机的北约绰号为“獾”(Badger)。我国在60年代成功仿制该机，并定型为轰-6轰炸机。

### 亚音速中程轰炸机

最大平飞速度小于音速的飞机就是亚音速飞机。飞机作小迎角(机翼的前进方向和翼弦的夹角)飞行时，为减小阻力，使翼面上的气流保持层流流动。作大迎角飞行时，则要求延迟气流的分离和防止失速。高亚音速飞行时，飞机对纵向操纵反应过于灵敏，易引起俯仰摇摆，着陆状态横向稳定性过大，使飞机对外部扰动和纵向操纵反应增强。

### 空调系统

系统由发动机第七压气机产生的空气，给前、后气密座舱增压和加温，用活门自动保持座舱内空气压力。

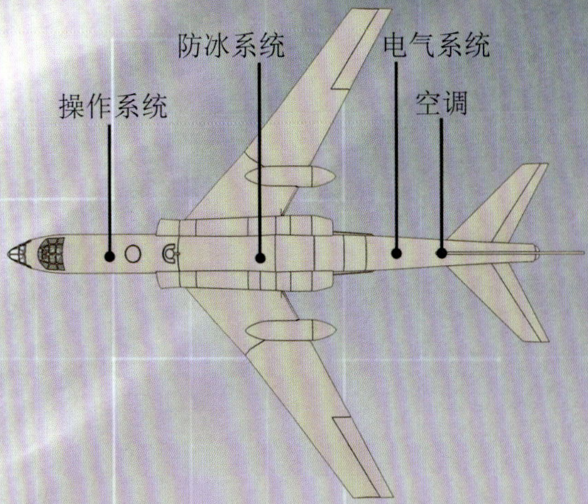


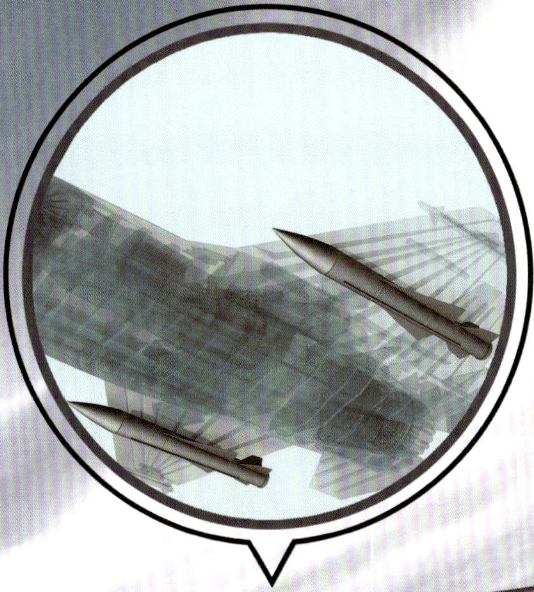

### 武器炸弹舱

位于机身中段，正常载弹量3吨，最大载弹量9吨。采用水平投弹方式轰炸。海上作战时，可装载鱼雷或水雷。经过改装的Tu-16可载单颗重量为2吨的遥控炸弹。机上装7门射速为1250发~1350发每分的AM-23型机炮，一门前炮是固定的，上、下、尾部活动炮塔各有两门机炮，3座炮塔组成飞机后半球的防御火力。

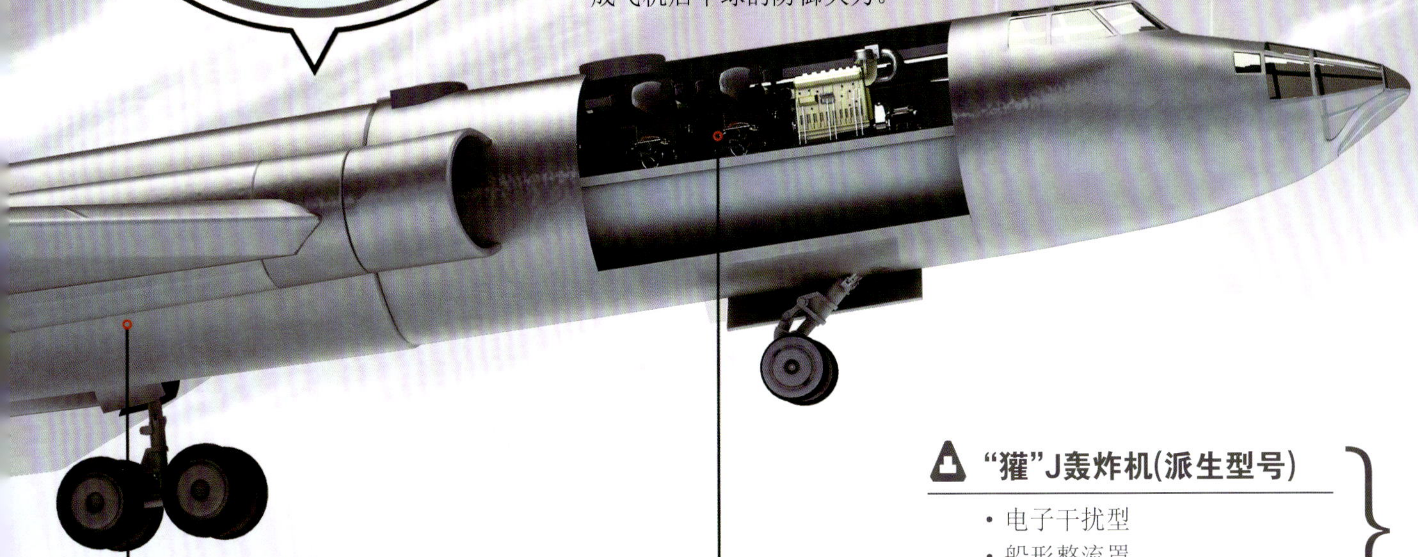

### "獾"J轰炸机(派生型号)

- 电子干扰型
- 船形整流罩
- 玻璃机头

### "獾"K轰炸机(派生型号)

- 电子侦察型
- 泡形天线罩
- 玻璃机头

### 2 防冰系统

发动机压气机产生热空气对机翼前缘加温，防止机翼结冰，发动机短舱前缘也使用发动机压气机给空气加温。

### 3 操纵系统

硬式和混合式操纵系统，驾驶舱内设有供正、副驾驶员使用的双重操纵系统，升降舵和方向舵采用硬式操纵。

TAILLESS ARICRAFT

# [无尾先锋] AVRO VULCAN "火神"战略轰炸机

THE SUCCESSFUL STORIES OF "VULCAN"STRATEGIC BOMBER

"火神"战略轰炸机是当时英国重要的轰炸机。于1947年开始研制，1952年8月第一架原型机首次试飞。"火神"战略轰炸机是英国空军装备的唯一一种战略轰炸机，也是世界上第一种进入实用的大型三角翼无尾飞机。在英阿马岛战争中，英国"火神"战略轰炸机从阿森松岛起飞，在"胜利"加油机的配合下，经过3次空中加油成功地轰炸了马岛的首府斯坦利港。

**"火神"轰炸机(英国制造)**

- 最大起飞重量90.8吨
- 正常起飞重量81.6吨
- 最大巡航速度1009千米每小时

**"胜利者"轰炸机(英国制造)**

- 最大起飞重量85吨
- 正常起飞重量63.5吨
- 最大巡航速度950千米每小时

**1 雷达罩**

机头有一个大的雷达罩，雷达罩是电磁波的窗口，其作用是保护天线，防止环境对雷达天线工作状态的影响和干扰。

**2 投弹瞄准镜**

开始有实用价值是在1904年，利用光学原理设计，于第一次世界大战中得到使用，第二次世界大战瞄准镜发展成熟。

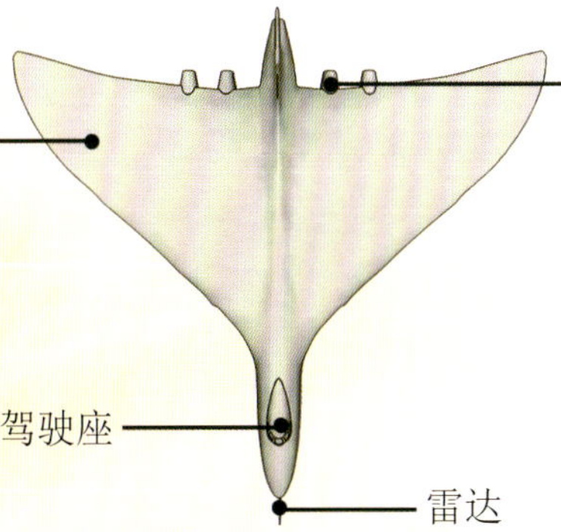


## 4 三角形中单翼

该机有面积很大的悬臂三角形中单翼，前缘后掠角50度，但随展向不同位置，后掠角呈一定程度变化。

## 胜利的轰炸

“火神”战略轰炸机可携带21枚454千克的减速炸弹，亦可带核弹，在英阿马岛战争中，英国“火神”战略轰炸机从阿森松岛起飞，在“胜利”加油机的配合下，经过3次空中加油成功轰炸了马岛的首府斯坦利港，创造了老旧装备在现代高技术战场上成功运用的范例。本次轰炸给阿根廷的士气造成了巨大的影响，为战争的胜利创造了条件。

## 无尾三角翼

采用无尾三角翼气动布局。对于超音速无尾飞机，小展弦比的三角翼还具有气动中心变化小的优点，这对于平衡能力差的无尾飞机非常重要。为了改善起飞着陆性能，无尾飞机通常采用较大的机翼面积，减少单位机翼面积上的重量载荷，再配以前缘增升装置，可改进无尾飞机的机动性和起飞着陆性能。

## 3 软式油箱

中翼内有软式油箱，是由耐油橡胶和专用材料等胶合而成，油箱的油用完后可折叠，救灾中常用此油箱。

THE "BEAR"BOMBER OF NATO

# [北约荒熊] Tu-95 轰炸机

TU-95 BOMBERS HAVE BEEN WORKED FOR MORE THAN 60 YEARS

冷战时期，以苏联为首的华约组织研制了一批威力凶猛的战斗机，北约组织给这些战斗机起了各种绰号，包括“獾”“熊”等。图( 以下简称Tu)-95被命名为“熊”轰炸机囊括其中。Tu-95的研发始于20世纪50年代，首批生产型于1956年开始交付使用，可以执行电子侦察、照相侦察、海上巡逻反潜和通信中继等任务。它采用独特的后掠机翼以及独特的发动机布局，使得性能极大增强。从第一架原型机试飞至今，Tu-95已走过了60年的历史，可谓名副其实的“长寿马车”。

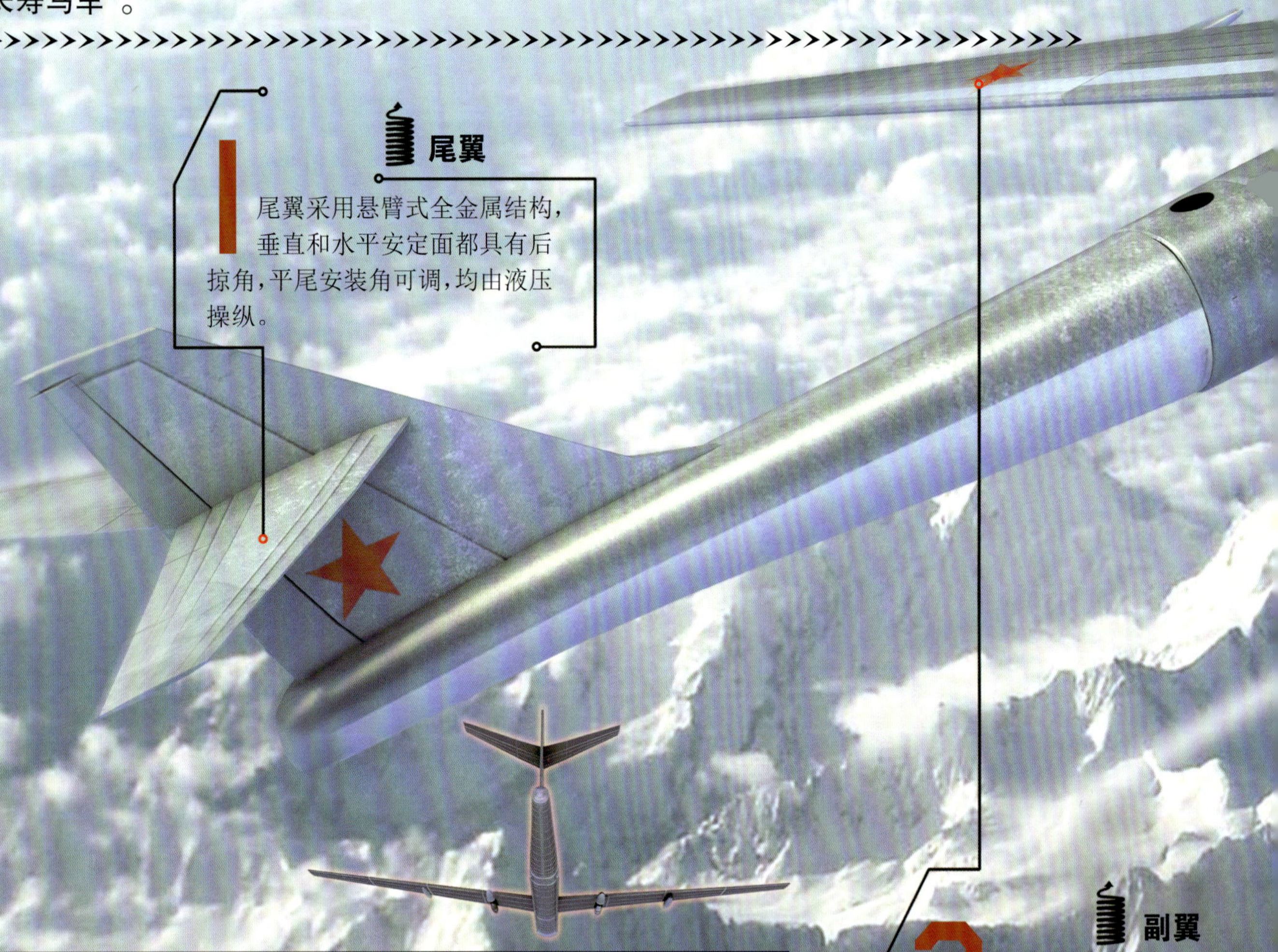

### 1 尾翼

尾翼采用悬臂式全金属结构，垂直和水平安定面都具有后掠角，平尾安装角可调，均由液压操纵。

### 2 副翼

副翼使飞机产生滚转力矩，以保证飞机具有横侧操纵性，其位置一般在机翼后缘外侧或机翼后缘内侧。

### 气动布局

Tu-95的机身细长，翼展和展弦比都很大，平尾和垂尾都有较大的后掠角。机翼为悬臂式中单翼形式，全金属三梁结构，由铝合金制成。外段机翼后缘有液压操纵副翼，副翼上有调整片，副翼前有扰流片，利于横向操纵。机翼后缘内段装有后退式开缝襟翼，起飞时下放30度，着陆时下放45度。

## 3 起落架

前起落架有两个机轮，并列安装，主起落架为小车式，各装4个直径为1.5米的机轮，使用囊式液压刹车装置。

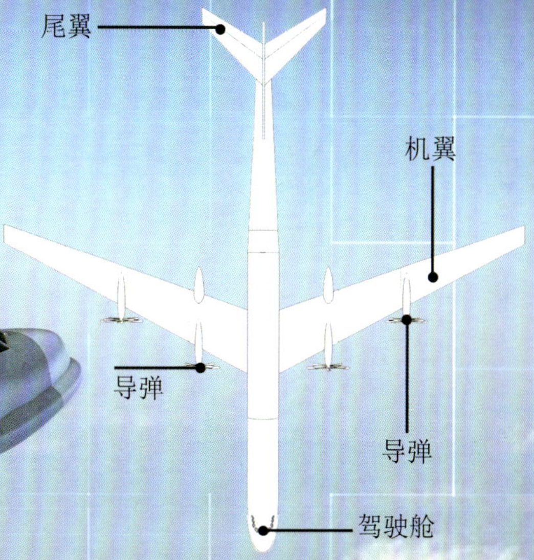

### Tu-95RT“熊”D（电子侦察型）

- 电子侦察型
- 流线型整流罩
- 机头有空中受油管

### Tu-95R/95MR“熊”E（海上侦查型）

- 海上侦察型
- 后机身泡形整流罩
- 机头下装颏式雷达罩

### 威力巨大的沙皇炸弹

1961年10月30日早上11时32分，苏联试爆了第一颗全世界有史以来最大的核武器“沙皇炸弹”。该核弹威力相当于5000万吨TNT当量，爆炸后的蕈状云高达60千米，比珠穆朗玛峰还高7倍多；爆炸的热源连在100千米以外的人体都会受到3级烧伤。这一枚“沙皇炸弹”还加装一副重达800千克的减速伞，以延迟炸弹释放坠落后的时间与速度。

THE HULK IN SKY

# [翔空巨汉] C-130 大力神运输机

US BOUGHT 1050 C-130 HERCULES TRANSPORT AIRCRAFTS

“二战”结束后，由于苏联和盟国间矛盾逐渐激化，苏联为向西方盟国加压，封锁了所有通往西柏林的陆上道路，继而导致了“柏林事件”。C-130就诞生在“柏林封锁事件”发生后，“柏林事件”使各国充分认识到空运的重要性，C-130是美国50年代研制的中型多用途战术运输机，1951年开始研制，1956年12月装备美空军。除美空军中装备数量较多外，还出口到50多个国家和地区。截止1993年，美国空军共购买1050架。

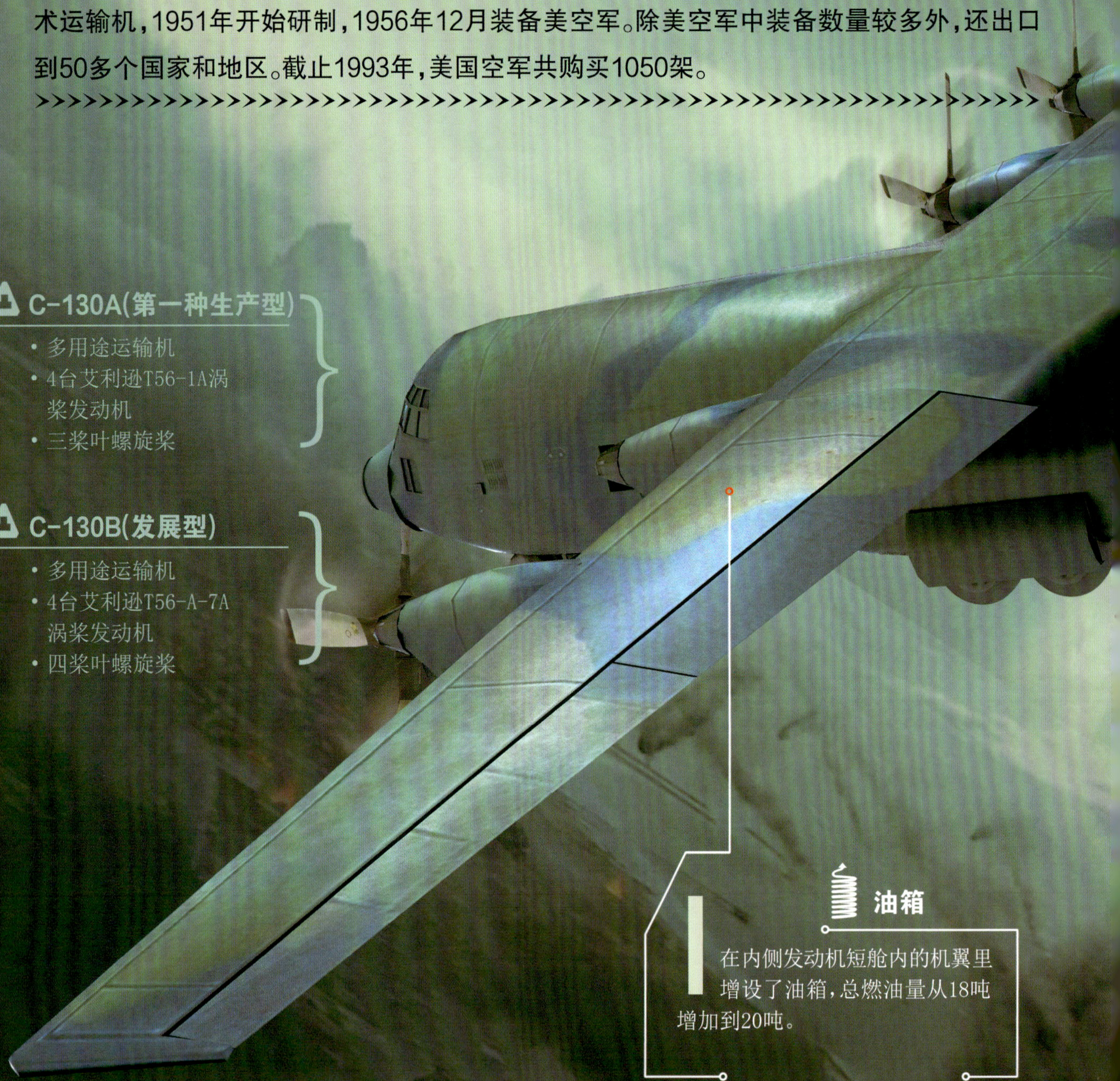

### C-130A(第一种生产型)

- 多用途运输机
- 4台艾利逊T56-1A涡桨发动机
- 三桨叶螺旋桨

### C-130B(发展型)

- 多用途运输机
- 4台艾利逊T56-A-7A涡桨发动机
- 四桨叶螺旋桨

### 油箱

在内侧发动机短舱内的机翼里增设了油箱，总燃油量从18吨增加到20吨。

## 2 上单翼

悬臂式上单翼，此时起落架等装置一般就不安装在机翼上，而改在机身上，上单翼飞机一般采用下反角的安装。

## 战争中的运用

在海湾战争爆发前的备战行动中，美国空军的C-130运输机已进行了11 700架次空运及其他作战支援任务，完成飞行任务的概率达97%。在海湾战争中，美国空军有700架C-130运输机及其派生型进行空运及其他作战支援任务，出动架次的98%完成了飞行任务。

## 3 液压系统

采用串联式液压助力器，由两套独立的液压系统供压，液压系统的作用是通过改变压强增大作用力。

## 尾部货舱门

C-130最大的特点是其设计非常适合执行各种空运任务，拥有大型的尾部货舱门，货舱门采用了上下两片开启的设计，能在空中开闭；在空中舱门放下时是一个很好的货物空投平台，尤其是掠地平拉空投的时候，在地面又是一个很好的装卸坡道。各种C-130的货运型都可以贴地投放11吨重的货物。

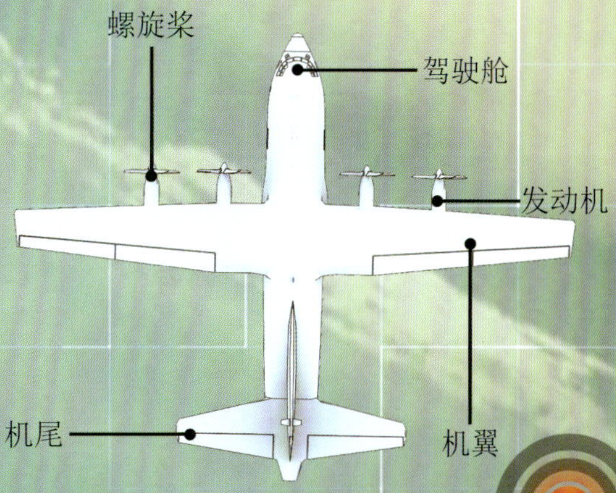

FULL TANK IS IN THE SKY

# [高空油箱] KC-135 空中加油机

KC-135 TANKER AIRPLANE IMPROVES THE SAFTY OF REFUELING

战机在执行任务中，只有通过空中加油机及时供油，才能保证任务的顺利完成。KC-135是一种可以给性能不同的飞机加油的加油机。它在加油时排除了让受油者降低高度及速度的麻烦，既提高了加油安全性，也提高了受油机执行任务的效率，还可以同时给几架战斗机加油。最初KC-135空中加油机的设计目的主要是为美国空军的远程战略轰炸机进行空中加油，后来也可为美国空军、海军、海军陆战队的各型战机进行空中加油。

### KC-10(美国制造)

- 升限1490米
- 最大起飞重量267.62吨
- 载油量161吨

### KC-135(美国制造)

- 升限5240米
- 最大起飞重量146.2吨
- 载油量90吨

### 坠毁事件

2002年1月10日，美军一架KC-135加油机在巴基斯坦境内坠毁。五角大楼称，还没有迹象表明飞机遭到了敌人的袭击，但是也不排除这种可能性。有目击者称，飞机坠毁之前，机身已经着火。美国总统布什接到汇报表示：我要提醒他们，我们奋斗的目标是正义的、高尚的，除非我们实现了自由大业，我们的行动是不会停止的。

## 2 货舱

机体上半部分为货舱，货舱左舷配置一个大型货舱门，货舱内最多能装载约37.65吨的货物，保证货物供给。

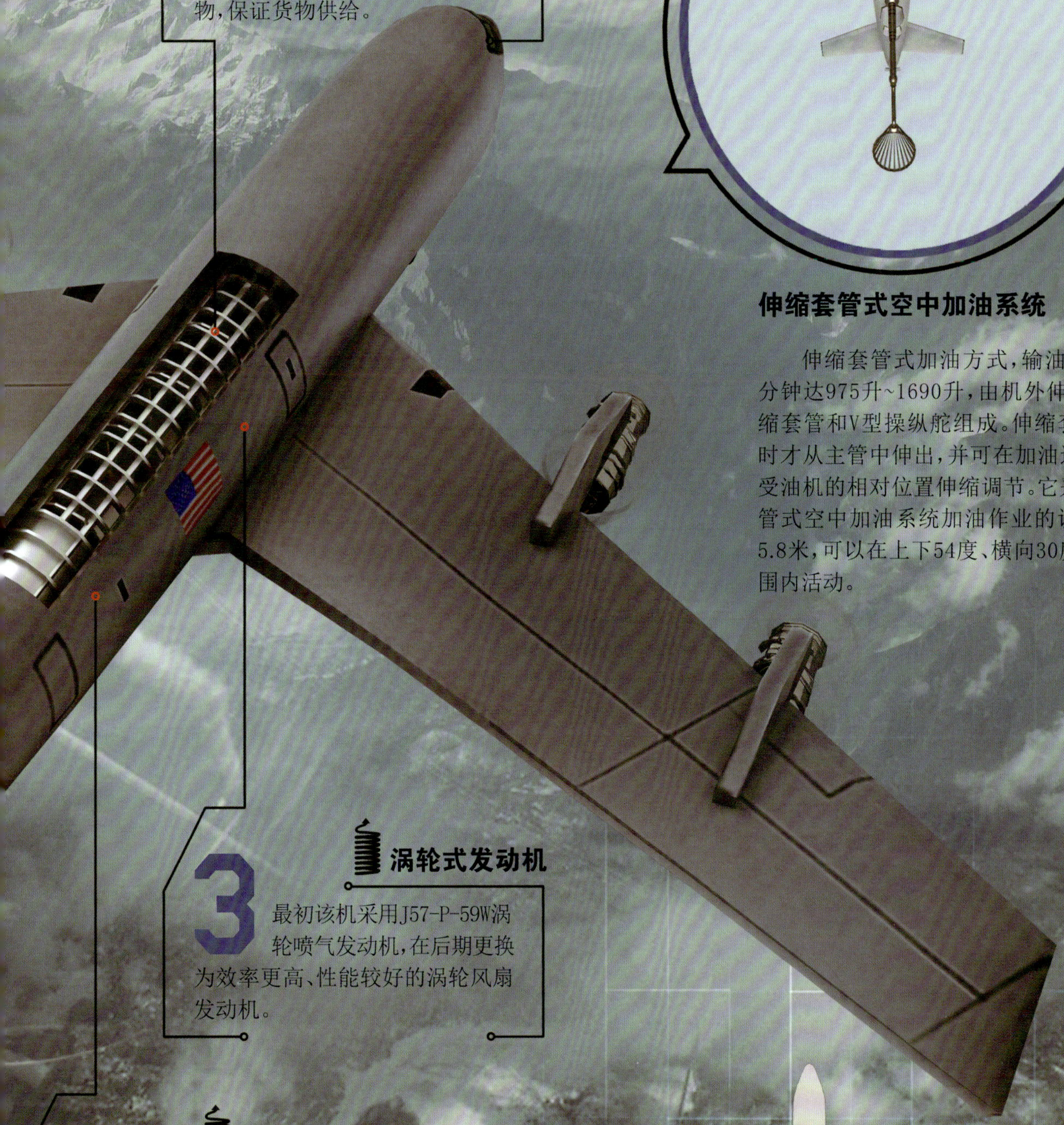

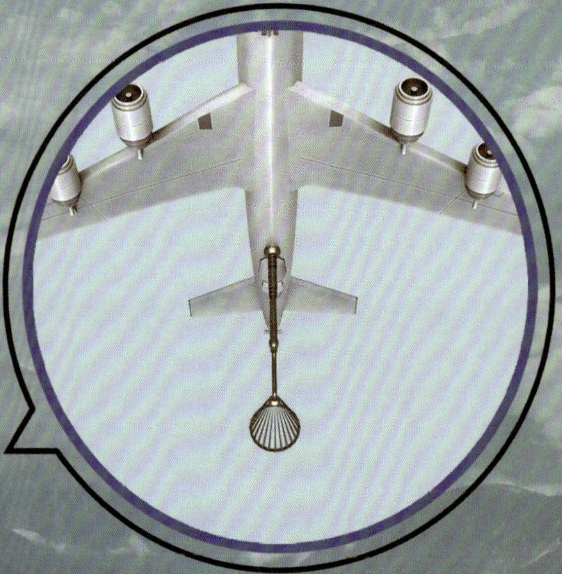

### 伸缩套管式空中加油系统

伸缩套管式加油方式，输油率很高，每分钟达975升~1690升，由机外伸缩主管、伸缩套管和V型操纵舵组成。伸缩套管在加油时才从主管中伸出，并可在加油过程中根据受油机的相对位置伸缩调节。它采用伸缩套管式空中加油系统加油作业的调节距离为5.8米，可以在上下54度、横向30度的空间范围内活动。

## 3 涡轮式发动机

最初该机采用J57-P-59W涡轮喷气发动机，在后期更换为效率更高、性能较好的涡轮风扇发动机。

## 1 燃油舱

机体下半部分几乎全部是燃油舱，机身后段是加油作业区，可装载约12.47吨的燃油。

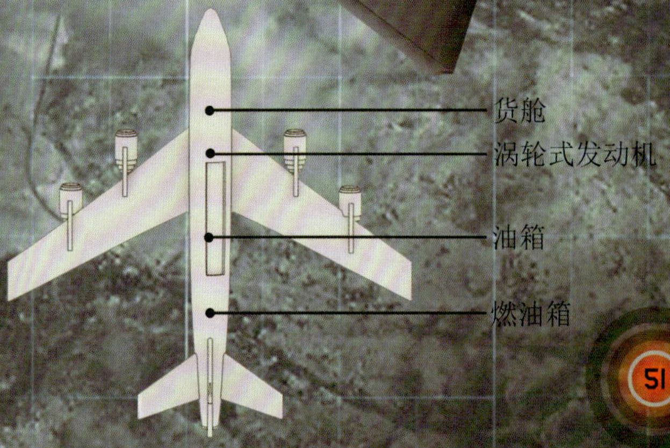

### MiG-21(苏联研制)

- 最大平飞速度2175千米每小时
- 涡轮发动机
- 机翼面积23平方米

### MiG-25(苏联研制)

- 最大平飞速度1225千米每小时
- 改进涡喷发动机
- 机翼面积56.20平方米

### 2 起落架

前三点式，液压收放，前起落架向前收入机身，主起落架收上时转87度；起落架有冷气应急放下装置。

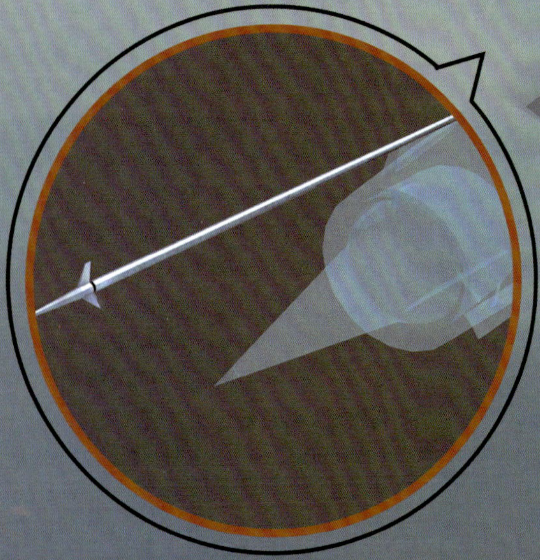

### 气流方向传感器

它主要是用来测量飞机速度的，同时还兼具其他多种功能。当飞机向前飞行时，气流便冲进空速管，在管子末端的感应器会感受到气流的冲击力量，即动压。飞机飞得越快，动压就越大。如果将空气静止时的压力即静压和动压相比就可以知道冲进来的空气有多快，也就是飞机飞得有多快。

### 1 机翼

切尖三角形悬臂式中单翼，对称翼型，翼根缘每一侧都装有尖形整流罩，机翼上方靠近翼梢处装有附面层板。

RESONABLE PRICE

# [物美价廉] MIG-21 战斗机

MIG-21 FIGHTER IS ATTRACTIVE TO THIRD WORLD COUNTRIES

超音速战斗机以其速度而得名，“二战”以后，米格( 以下简称 MiG)-21成为世界上生产数量最多的超音速战斗机。MiG-21价格低廉，对第三世界国家很有吸引力，曾广泛使用于越南、中东、印巴和两伊等局部战争。该机轻小、设备简单、操纵灵便，于1953年开始设计，1955年原型机试飞，1958年开始装备部队，其主要任务是高空高速截击、侦察，也可用于对地攻击。此外，还曾多次击落名声赫赫的美军F-4“鬼怪”战斗机。

## 驾驶舱双座与单座的区别

双发双座指的是双发动机，双座舱；双发单座，指的是双发动机，单人座舱的飞机。它们的区别是双座战斗机有对地打击的能力，有一个飞行员，另外一个是领航员或对地武器控制员，单座舱飞机就只有一个飞行员。双发战斗机为重型战斗机，单发为轻型战斗机。双发战斗机比单发战斗机作战半径大，有更快的速度。

## 3 减速板

机身下部两侧各有一块减速板，还有一块减速板设在腹鳍的前边，三块减速板均由液压操纵。

THE DRAGON WARRIER

# [龙之武士] SAAB-35战斗机

SAAB-35 FIGHTER IS EXTREMELY REMAKABLE TO SWEDISH

长期以来，瑞典国防物资供应都靠国内自行解决，所以在制造高性能战斗机方面有长期的研制经验。SAAB-35战斗机“龙”是瑞典SAAB飞机公司研制的多用途超音速战斗机。于1953年8月正式签订研制合同，第一架飞机于1958年2月开始试飞，安装了瑞典自行设计的RM6B涡喷机。截至1973年，瑞典空军共装备了589架SAAB-35，另外出口到丹麦51架和芬兰12架。它是瑞典自行设计制造的第一架超音速战斗机，故其意义非凡。

**配备“阿登”火炮**

J35A的机内武器是两门英国产“阿登-55”型单管旋转机炮，该炮30毫米的大口径使得每门炮只能带90发备弹。两门炮的位置与众不同，在两侧机翼内翼段上发动机进气口的外侧各配一门，而且两门机该火炮火力威猛，为该战斗机赢得了不少的战役，在瑞典皇家空军保持了一份不错的服役纪录。

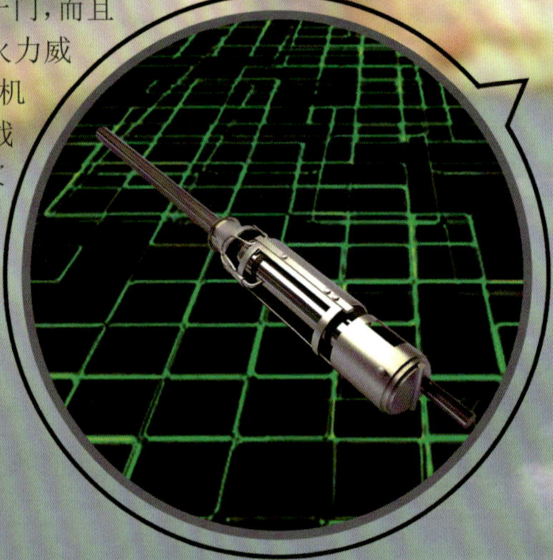

**Saab-35(原型)**

- 翼展9.4米
- 机翼面积49.2平方米
- 最大平飞速度2120千米每小时

**J-35D(改进型)**

- 增加了内油量
- 采用了新型的自动驾驶仪
- 时速提高

**RM6C 涡喷机**

该机采用RM6C涡喷机，依赖燃气流产生推力，通常用作高速飞机的动力，油耗比涡轮风扇发动机高。

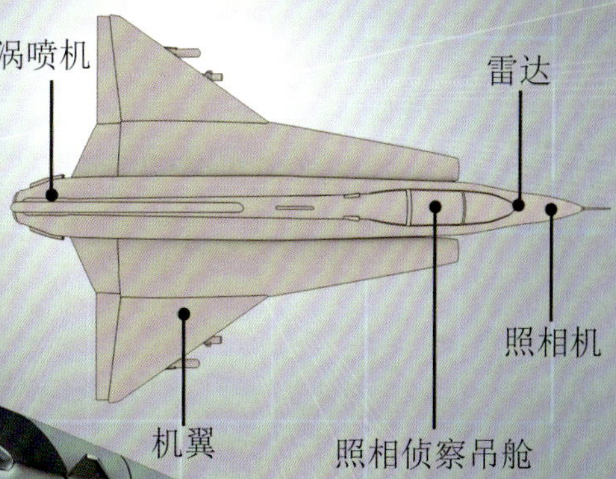

### 3 照相机

机头内安装了光角照相机和其他相机，可进行180度低空摄影，3台长焦距照相机可进行高空和远距离拍摄。

## 先进的弹射座椅

该机同时还为飞行员配备了火箭弹射座椅，是一种在飞机遇难时依靠座椅下的动力装置将飞行员弹射出机舱，然后张开降落伞使飞行员安全降落的座椅型救生装置。可在零高度和100千米每小时以上的飞行速度下弹射。当时各国装备的第一代弹射座椅还达不到零高度零速度（接近静态）弹射的指标，可见该机的先进性。

### 2 机翼

该机机翼为三角翼，机翼下有三个炮弹发射器，两边的机翼对称安装，这些炮弹发射器承载的弹药威力强劲。

THE SHADOW OF BIRD OF PREY

# [猛禽幻影] MIRAGE 幻影战斗机

MIRAGE FIGHTERS ARE SOLD WELL ALL OVER THE WORLD

战后华约和北约组织的对阵，冷战军备竞赛的开始迫使戴高乐清楚地看到建立起属于法国自己的完备军事工业的必要性。20世纪50年代以戴高乐将军为首的法国新政府提出幻影计划。幻影战斗机家族成员众多，有“幻影”3、“幻影”5以及“幻影”2000、“幻影”4000等著名的无尾三角翼战斗机，甚至还出现了“幻影”4这种看似“战斗机”的轰炸机。“幻影”系列战斗机凭借超高的性能和极高的性价比畅销世界各地。

回

**幻影Ⅲ战斗机(原型)**

- 法国研制
- 最大起飞重量13.7吨
- 最大速度2700千米每小时

**“幼狮”战斗机(幻影Ⅲ基础上设计)**

- 以色列研制
- 最大起飞重量13.7吨
- 最大速度2440千米每小时

**1 结构**

机身为全金属半硬壳式结构，按面积律设计，最大限度地减轻结构重量，机头为玻璃纤维复合材料雷达罩。

**2 复合材料**

广泛采用由两种或两种以上不同性质材料，通过物理或化学方式，在宏观上组成新性能的材料。

## 无尾气动布局的优势

没有水平尾翼和鸭翼的飞机就叫做无尾飞机。它的俯仰平衡和操纵靠机翼后缘升降副翼来完成。用无尾三角翼气动布局以发挥三角翼超音速阻力小、结构重量轻、刚性好、大迎角时的抖振小、机翼截荷低和内部空间大以及贮油多的优点。同时采用电传操纵、放宽静稳定度、复合材料等技术弥补了它所带来的缺陷。

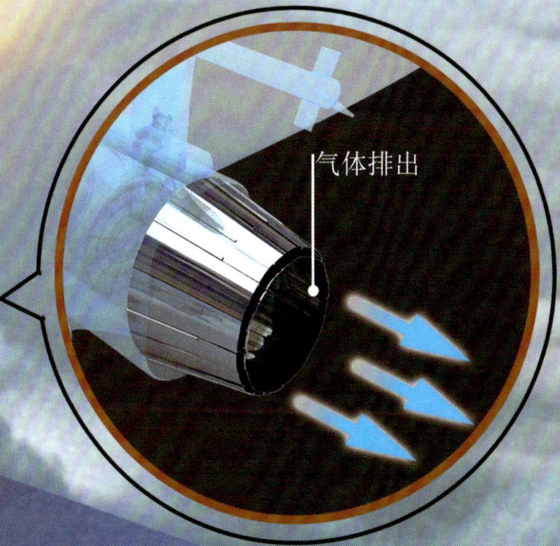

## 设计简便的三角翼

三角翼指平面形状呈三角形的机翼。三角翼的特点是后掠角大，结构简单，展弦比小。三角翼飞机在性能上存在一系列的不足，如起飞滑跑距离过长，着陆时速度过大，而且低空机动性能不好。不过三角翼布局也存在常规布局所没有的优势，即设计制造简单，高速性能好，机翼内空间充足，可以容纳更多的燃油。

THE ELITE OF ASW

# [反潜精英] P-3C 猎户座反潜机

THE FIRST FLYING OF P-3C ORION MACHINE IS SUCCESSFUL

1957年8月，美国海军开始寻找“海王星”的替代机，为此发布了反潜战机设计草案。洛克希德·马丁公司采用“伊莱克特拉”涡轮螺旋桨客机原型，保留了它的机翼、尾部、动力系统、大部分机身设计和主要组件，设计出了P-3C“猎户座”反潜机。该机机身比“伊莱克特拉”短2.1米，有一个内置武器舱，放置航空电子设备。1959年11月，P-3C“猎户座”反潜机完整原型机首飞成功。此后被世界许多国家采用，主要用于海上巡逻、侦察和反潜作战。

**非声学探测器**

探测器包括声学和非声学探测器，非声学探测器包括反潜搜索雷达、前视红外探测器、电子干扰设备及照明系统等。

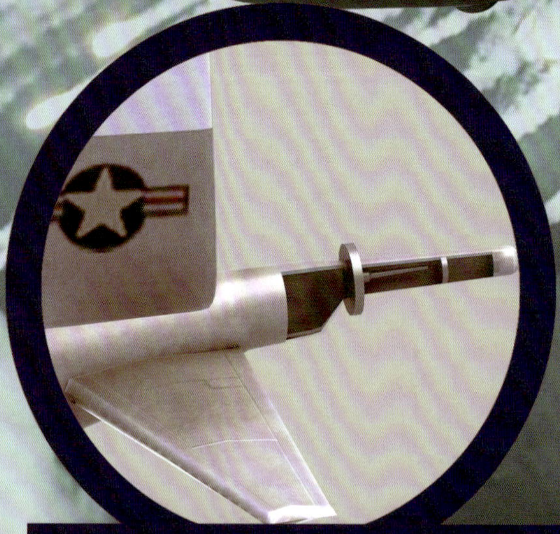

该机有一个长长的尾巴，根如蜂刺般的尾巴其实内部安装着一部磁探仪，因为这个尾椼安有磁探仪，是反潜飞机区别其他飞机的主要特征。由探头、检测控制器、放大器及电源等构成。针对潜艇自身的磁异常会引起地磁场扰动的特点，磁探仪可探测到潜艇一些信息，有助于发现海中潜伏的潜艇。

**尾衔**

## 2 增压机舱

指高于外界环境气压的座舱，可有效地防护高空的低压缺氧、低温、高速气流等不良因素对飞行人员的伤害。

### P-8(用于取代P-3C)

- 长度39.47米
- CFM56-7B涡扇发动机
- 最大航程8000千米

### P-3C(原型)

- 长度35.6米
- T-65-A-14涡轮螺旋桨发动机
- 最大航程4410千米

### 4H60-77 四叶恒速螺旋桨

动力装置为四台艾利逊公司的T56-A-14涡桨发动机，单台功率3661千瓦，各驱动一副54H60-77四叶恒速螺旋桨，54H60型四叶恒速螺旋桨。产生向上的升力用来克服直升机的重力。即使直升机的发动机空中停车时，驾驶员可通过操纵旋翼使其自转，仍可产生一定升力，减缓直升机下降趋势。

## 3 弹仓

翼前一个3.91米×2.03米×0.88米的弹舱，机翼下有10个挂架，可以携带鱼雷、深水炸弹、空空导弹等。

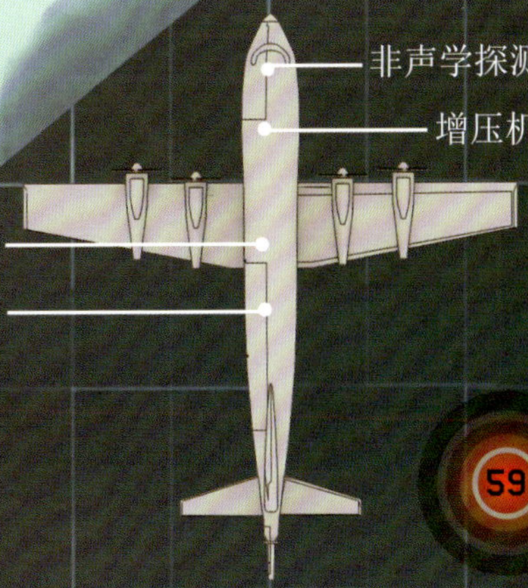

### 前缘襟翼

位于机翼前缘的襟翼叫前缘襟翼(襟翼特指现代机翼边缘部分的一种翼面形可动装置，襟翼可装在机翼后缘或前缘)。这种襟翼在飞机低速飞行时襟翼向下偏转，提高升力。前缘襟翼具有吹气装置，从发动机压气机中引出高压空气向后吹出，使机翼上表面气流在高攻角的状况下不分离。大迎角飞行时，机翼表现前缘的气流分离也增大了翼切面的弯度，延缓气流分离，提高了最大升力系数和临界迎角。

### 抗扭盒

抗扭盒中翼和内翼是双梁抗扭盒式整体结构，抗扭盒又是整体油箱，容积达2380升，有效提高飞机安全性能。

### F-4A战斗机(改进型)

- 防空战斗机
- J79-GE-2涡轮喷气发动机
- 安装航炮

### F-4B战斗机(改进型)

- 全天候战斗机
- J79-GE-8发动机
- 未装航炮

THE GHOST IS FLYING

# [鬼怪浮世] F-4“鬼怪”战斗机

F-4 “GHOST”FIGHTER WAS SERVED FOR AMERICA IN 1963

朝鲜战争结束后，美国的空战理论和战斗机装备技术飞速发展。于1958年5月27日麦克唐纳公司试飞员驾驶YF4H-1完成了首飞，但首飞时起落架没有收起，并发现液压系统和发动机都有些问题，所以首飞时间比原计划缩短，不过飞机还是安全降落了。1959年7月3日F4H-1在圣路易斯麦克唐纳工厂的一个仪式上按公司传统被正式命名为F-4“鬼怪 ”战斗机，1963年11月开始进入美国空军服役。

## 外部挂架

共有9个外部挂架。机身下前后成对排列4个半埋式“麻雀”空对空导弹挂架，每个可挂1枚“麻雀”导弹，后一对挂架可各挂2枚“响尾蛇”空对空导弹。机身下中间挂架可吊挂核武器、炮舱、2273升副油箱。机翼下内侧挂架可以挂1枚“麻雀”导弹。“鬼怪”携带武器的多样性对其执行对地攻击任务极为有利。

## 2 锯齿

主翼折叠外翼段有锯齿，锯齿产生的涡流可阻止机翼附面层向翼尖方向发展，推迟分离，提高稳定性。

### CH-47运输直升机(原型)

- 机长30.1米
- 空重10.2吨
- 最大速度315千米每小时

### CH-47D运输直升机(发展型)

- 机长15.54米
- 空重10.5吨
- 最大速度291千米每小时

**机身截面**

它将机翼、尾翼、起落架等部件连成一个整体，正方形截面半硬壳式结构，机身中部有一个较长的等截面段。

**武器配备**

CH-47运输直升机具有一定的抗毁伤能力，其玻璃钢桨叶即使被23毫米穿甲燃烧弹和高爆燃烧弹射中后，仍能安全返回基地。机载武器采用两支安装在侧门上的M60D7.62毫米机枪和一支安装在尾门跳板上的M60D机枪。其货舱能够装载45名全副武装的士兵，或10吨货物，或155毫米榴弹炮，或小型汽车。

A SPECIAL MEMBER

# [另类成员] CH-47运输直升机

CH-47 TRANSPORT HELLICOPTERS ARE ABLE TO FLY VERTICALLY

你是否对可垂直升降的飞机产生浓厚的兴趣？CH-47就是符合此条件的另类直升机。无论是载重量还是飞行速度，它无一落后。该机型于1958年研制，于1963年开始装备美军。目前，仍在进行现代化改装。其双旋翼纵列式结构剔除了一般直升机的尾部垂直螺旋桨，允许机体垂直升降，而且时速高达165千米，其主要任务是部队运输，火炮调遣与战场补给。此外它还被外销至16个国家，最大消费者是美军和英国皇家空军。

## 3 主旋翼

该机不像其他直升机只有一个主旋翼，而是有两副可人工折叠的主旋翼，分别位于机头和机尾的上方。

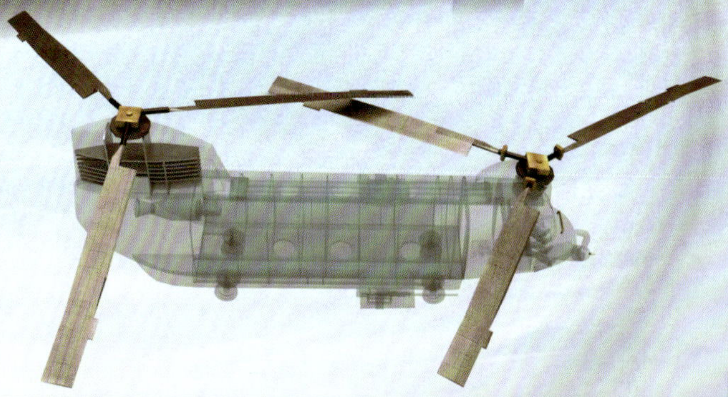

### 双螺旋桨与单螺旋桨的区别

单旋翼的直升机机尾有的螺旋桨可以抵消单旋翼的向右的力矩。维护简单，修理方面要比双旋翼更简单；单螺桨需要在飞机尾部加装稳定装置，如果尾部被打掉，就会失去控制，直到坠毁。双螺旋桨则不需要，即使尾部被打掉，也可以保持平衡，而单螺旋桨就不行了，而且双螺可以提供更大的垂直升力。

## 2 两副旋翼

两副纵列反向旋转的3片桨叶旋翼，前低后高设计，后旋翼塔高，起垂尾作用，根部对称配置2台发动机。

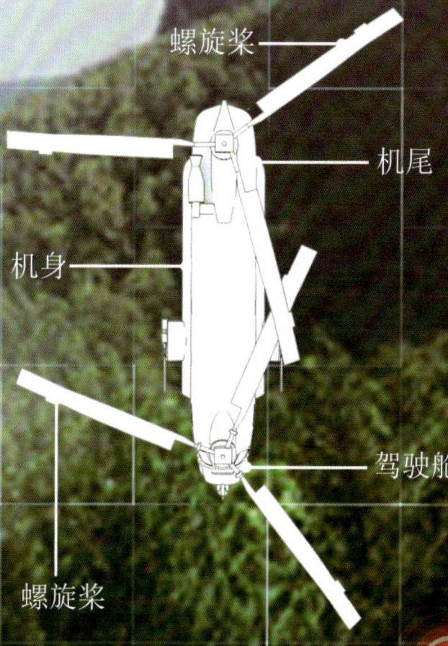

### F-5F(双座战斗型)

- 机长15.72米
- J85-GE-21型涡轮喷气发动机
- 1门M-39A2型20毫米航空机炮

### F-5E(改进型)

- 机长14.45米
- J85涡喷发动机
- 2门20毫米M39A2型机炮

#### 座舱

座舱宽大，使飞行员不会感到局促；仪表布局也比较合理，使飞行员可以集中精力注意舱外的情况。

#### 可动平尾

该机采用可动平尾设计，水平尾翼由固定的水平安定面和可动的升降舵组成，飞机将水平安定面和升降舵合为一体成为全动平尾。垂直尾翼包括固定的垂直安定面和可动的方向舵。尾翼的作用是操纵飞机俯仰和偏转，保证飞机能平稳飞行。飞机的尾翼虽能够提供升力，但是这个升力会产生负力矩，使机头产生向下的趋势。

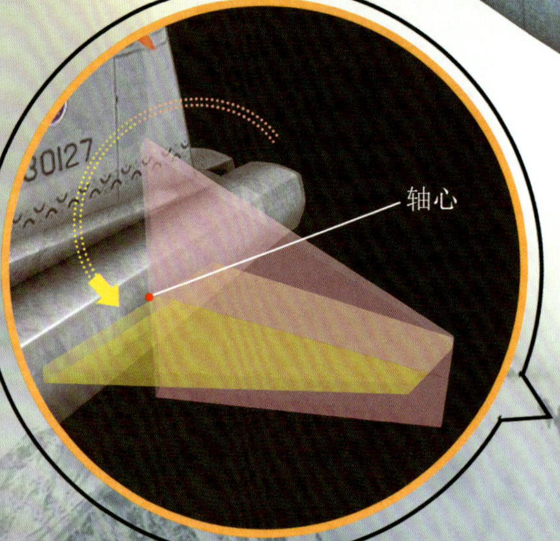


人们常常拿F-5与其竞争对手米格(以下简称MiG)-21作比较，其实它们各有千秋，不过F-5的综合性能比米格-21强。F-5战斗机是美国诺斯罗普公司研制的轻型战术战斗机，其盘旋性能非常好。它诞生于20世纪70年代，在军火交易中，它与法国幻影家族，苏联MiG-21形成三足鼎立格局。具有使用维护方便、能在野战机场起飞着陆、造价低等优势，在其问世后的10年内，被销售至全球21个国家和地区。

FREE WARRIOR

# [自由战士]F-5战斗机

F-5 FIGHTER AIRCRAFTS HAVE BEEN SOLD TO 21 COUNTRIES

## 武器装备

F-5号称是低档战斗机，但它的机动性能相对同时代战斗机来说并无多少逊色。该机的2门20毫米M39A2型机炮配备在机翼两边边缘处，机头下垂，扁长。7个外挂点，可挂载2枚“响尾蛇”空空导弹和各种空地导弹，激光制导炸弹及各类常规炸弹，此外翼下和机身下还可以吊挂3175吨的炸弹。

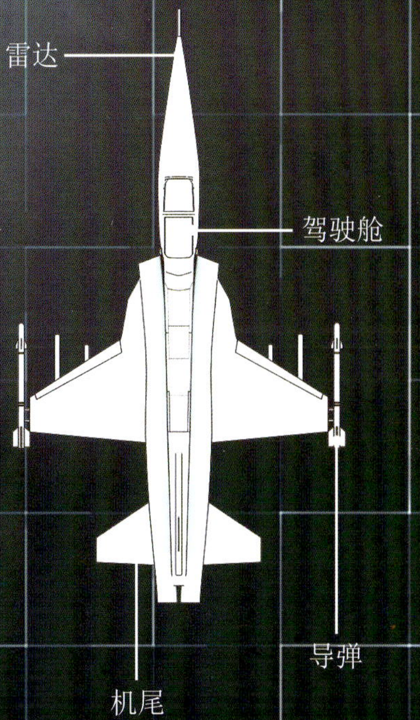


## 2 涡喷发动机

动力主要来源于2台通用J85涡喷发动机，涡喷发动机分为离心式与轴流式两种，油耗比涡轮风扇发动机高。

## 3 尾翼

V字形尾翼，它既可以起到垂直尾翼的作用，也可以起水平尾翼的作用，而且此种尾翼利于隐身。

IGNORING THE WEATHER

# [气候制霸] A-6 攻击机

A-6 MEETS THE NEEDS OF THE WHOLE ZONE COMBAT FIELD

美军在朝鲜战争中深受朝鲜半岛寒带恶劣天气的影响，面临群机停飞窘境。战争结束后，美军决定研制全天候战机，A-6就是在这一背景下出现的。此机具备强大的环境适应能力，足以满足自赤道非洲至极地间全域地带作战的需要，尤以担任夜间或恶劣天气下的奇袭任务而著称。于1958年9月A-6开始初始设计和风洞试验。1960年4月19日首飞成功。1963年7月A-6A正式进入美国海军服役。

### A-6A(第一种生产型)

- 出勤率不高
- J-52-P-6A涡轮喷气发动机
- 共生产488架

### A-6E(改进型)

- 出勤率高
- J52-P-8B涡轮发动机
- 共生产360架

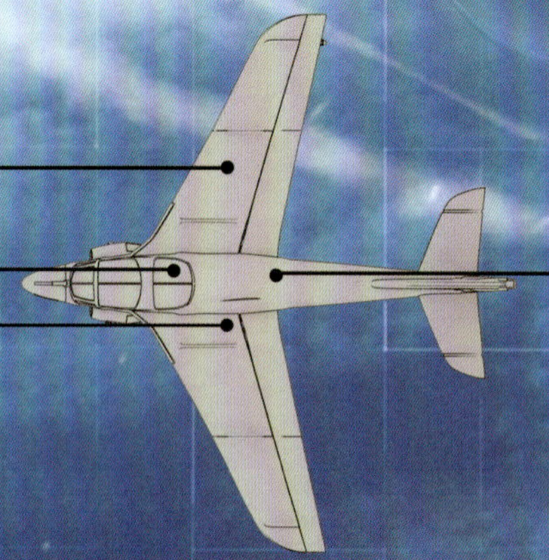


### 机翼

悬臂式全金属中单翼，有液压操纵的全翼展前缘襟翼和后缘襟翼，在后缘襟翼前方，装有展长与襟翼相同的嵌入式扰流板。

## 可折叠的机翼

该机在舰上停放时机翼可折叠，以减小占用面积。可折叠机翼由两个翼段组成，均可独立旋转。可描述为由内、外翼旋转成一定角度后的机翼外形。大幅折叠机翼的A-6，翼展从16米变成7.7米，节省很多空间。自带登机梯，涂成醒目的红色，折起后收藏于座舱下方的进气道，两边各有一个。

## 美国的耻辱

1967年8月，2架美海军A-6A型攻击机从友谊关以东的隘店附近侵入广西东兴地区上空。美机刚入境，预先起飞警戒的空军第18师立即迎击。中队长韩瑞阶、副中队长陈丰霞先后各击落美机1架。美机分别坠毁于东兴县、宁明县境内。美军飞行员3名毙命，1名被俘。

## 2 机身

全金属半硬壳结构，机身腹部向内凹，可带半露式军械，后机身两侧有不锈钢制成的减速板。

## 3 座舱

MKGRU-7弹射座椅，低空飞行时座椅可向后倾，采用并列双座，轰炸领航员座席在右侧，比驾驶员席稍后、稍低。

THE "COBRA"

# [眼镜霸蛇] AH-1W 武装直升机

COBRA HELICOPTER TURNED UP AT A HISTORIC MOMENT

冷战结束后，世界仅剩美国一个超级大国，美国陆军根据越南战场上的实际需要，急需一种高速的重装甲、重火力武装直升机，用来为运兵直升机提供沿途护航或为步兵预先提供空中压制火力。AH-1“眼镜蛇”直升机应运而生，它是世界上第一种专用武装直升机，也是当时世界上第一种反坦克直升机。由于其飞行与作战性能好，火力强，被许多国家采用，几经改型并经久不衰。

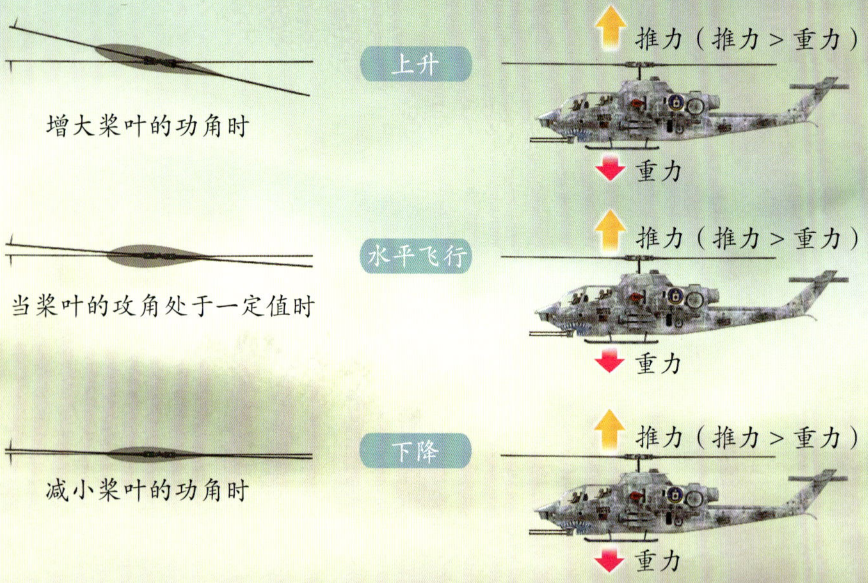


## 单螺旋桨的起飞原理

很早以前发明家们就认识到一种叫做“水平旋翼”的旋转器械。单螺旋桨飞机的原理是主螺旋桨高速旋转，产生升力，当升力大于重力时飞机就可以起飞了。但如果没有副螺旋桨，整个机体也会跟着旋转起来，保持不了平衡，尾翼的螺旋桨产生的风刚刚好把机体旋转的力中和，帮助飞机保持平衡。

## 1 单旋翼

单旋翼优点是结构较双旋翼简单，维护工程难度低，可做高机动性飞行，缺点是需挥舞铰产生侧倾力。

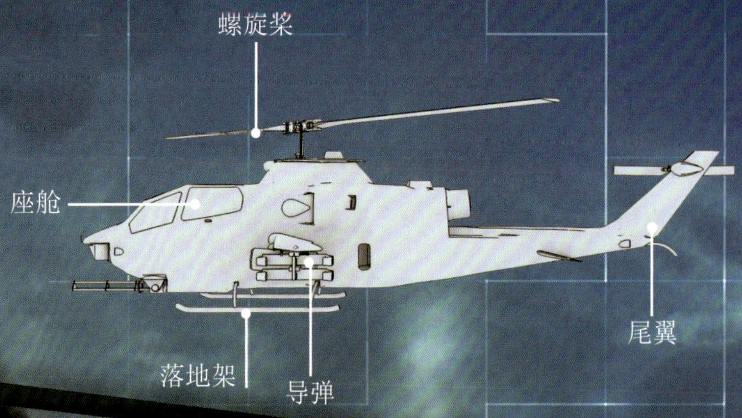

### “眼镜蛇”的武器装备

该机武器装备齐全，机头下装有通用电气公司的电动炮塔，炮塔内装20毫米3管式M197机炮。750发炮弹箱直接放在炮塔后面的机身内。短翼下4个外挂点可挂不同武器，包括LAU-68B/A或LAU-67A(7管)70毫米火箭发射器。机翼下面总共可挂8枚“陶”式导弹或8枚AGM-114“海尔法”导弹。2枚AIM-9L“响尾蛇”导弹。

## 2 地狱火导弹

该导弹是美国20世纪70年代研制、80年代装备的一种重型远程反坦克导弹，最大的特点是采用模块化设计。

### AH-1W 超级眼镜蛇(基础型)

- 旋翼直径14.6米
- 空重4953千克
- 最高速度352千米每小时

### AH-1F眼镜蛇(升级型)

- 旋翼直径13.41米
- 空重2993千克
- 最高速度277千米每小时

THE BURNING RAVEN

# [烈焰渡鸦] SR-71侦察机

ALL OF THE SR-71 SPY PLANES COMPLETELY RETIRED IN 1990

早在A-12研制计划开始的同时，“臭鼬工厂”向美国空军提出以A-12为原型的改进计划。该计划得到了美国空军的认可，美国空军也给予了大力的支持。1964年12月22日，在内华达州的“死湖”空军试验基地跑道上，一架漆黑的大型飞机缓缓起飞。短短的几分钟，该飞机就到达了两万米的高空。这架黑色的飞机就是后来赫赫有名，并创下了多项世界纪录的SR-71“黑鸟”高空侦察机。

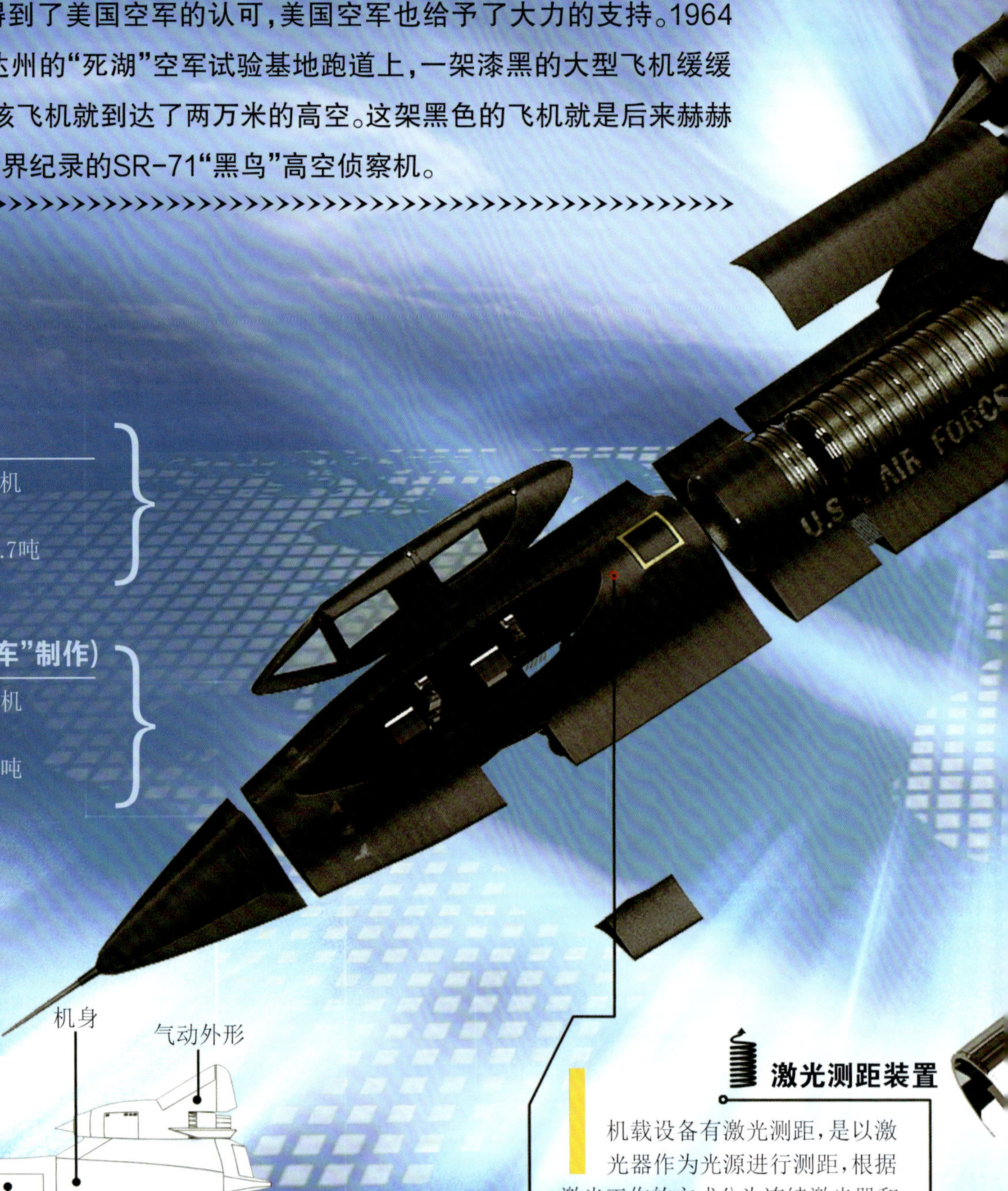


**A-12“牛车”**

- 喷气式高速侦察机
- 钛合金材料
- 最大起飞重量53.7吨

**SR-71（模仿A-12“牛车”制作）**

- 喷气式高速侦察机
- 钛合金材料
- 最大起飞重量78吨

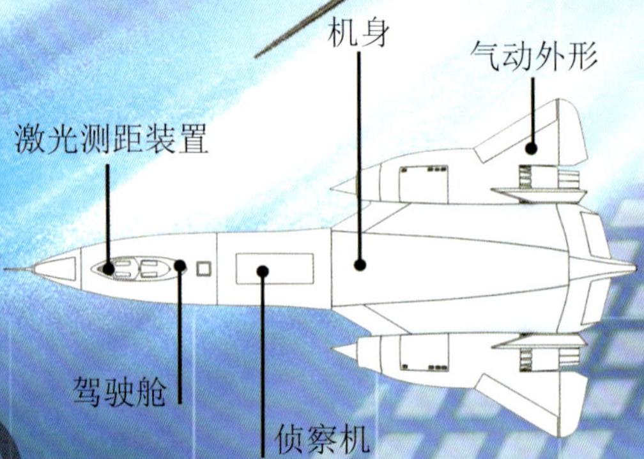


**激光测距装置**

机载设备有激光测距，是以激光器作为光源进行测距，根据激光工作的方式分为连续激光器和脉冲激光器。

## 急速记录

SR-71仍然是世界上有人驾驶的最快的飞机，并保有两项纪录。1976年7月28日，一架SR-71创下了3529.56千米每小时的高度记录。当SR-71在1990年退役时，其中一架从美国空军42号工厂，飞到弗吉尼亚州香蒂利国家航太博物馆展示，平均时速3.418千米，全程只花了68分钟，而最快的亚音速客机波音747则需7小时。

## 3 气动外形

气动外形为三角翼、双垂尾，发动机布置在机翼上；如果用单垂尾的话，必须要使用很大尺寸的垂尾。

## 2 机身

SR-71机身大部分采用钛合金材料，为降低成本，使用可较低温度软化的钛合金，完成的飞机会涂上暗蓝色。

## 涡轮喷气发动机

SR-71采用双座双发动机涡轮喷气式，特点是完全依赖燃气流产生推力。该发动机从大气中吸进空气，经压缩和加热这一过程之后，得到能量和动量的空气以高达609.6米每秒的速度从推进喷管中排出。在高速喷气流喷出发动机时，同时带动压气机和涡轮继续旋转，维持“工作循环”。

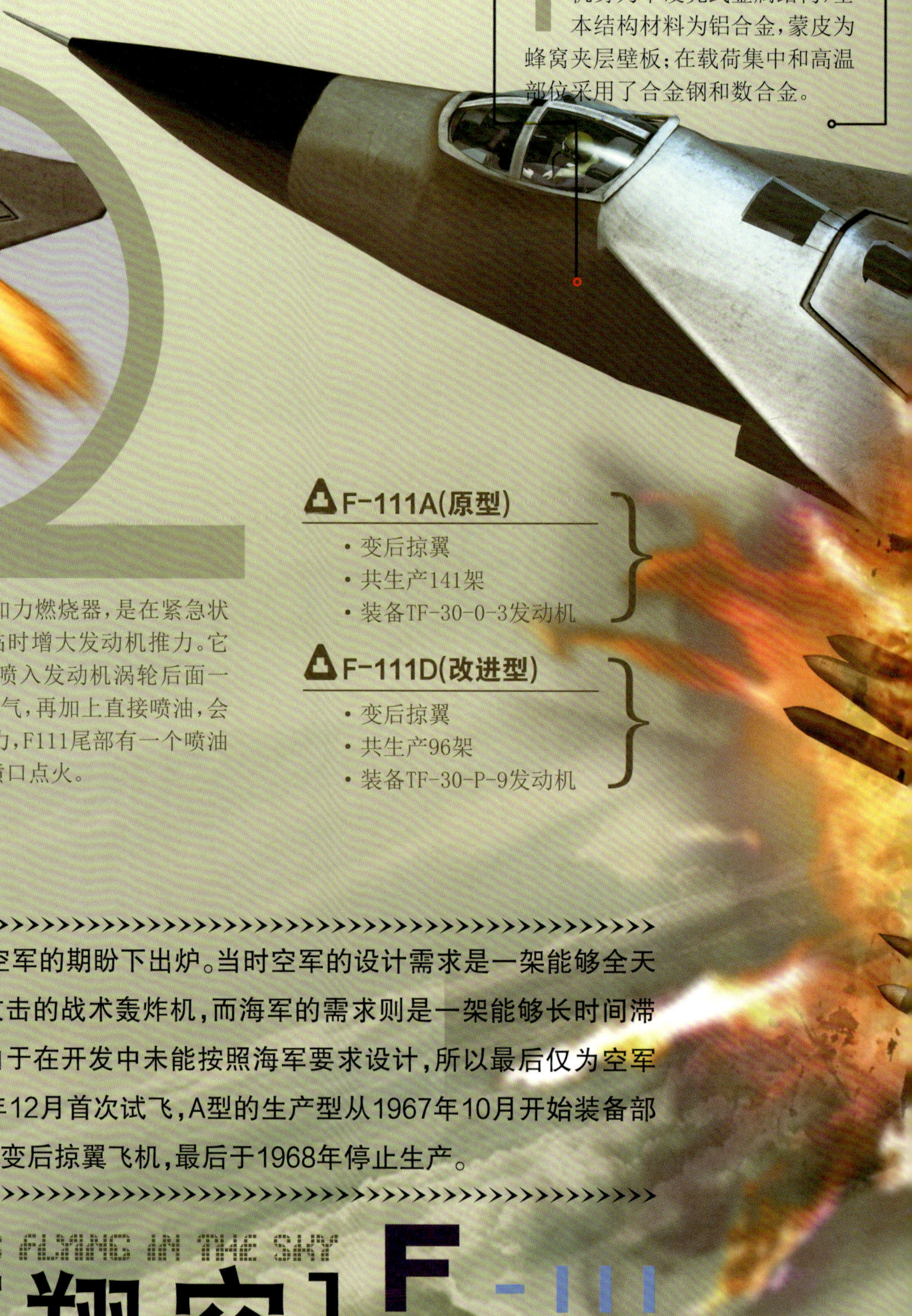

### 机身

机身为半硬壳式金属结构，基本结构材料为铝合金，蒙皮为蜂窝夹层壁板；在载荷集中和高温部位采用了合金钢和数合金。

### 喷火原理

该机发动机后通常有一个加力燃烧器，是在紧急状态下起飞，或冲刺速度飞行时临时增大发动机推力。它通常是把飞机内部的燃油直接喷入发动机涡轮后面一段，这里本来就是高温高压的燃气，再加上直接喷油，会大大增加这里燃气的温度和压力，F111尾部有一个喷油管，需要时伸出机体喷油，由尾喷口点火。

### F-111A(原型)

- 变后掠翼
- 共生产141架
- 装备TF-30-0-3发动机

### F-111D(改进型)

- 变后掠翼
- 共生产96架
- 装备TF-30-P-9发动机

F-111在美国海军和空军的期盼下出炉。当时空军的设计需求是一架能够全天候、以低空高速进行远程攻击的战术轰炸机，而海军的需求则是一架能够长时间滞空的舰队防空用拦截机。由于在开发中未能按照海军要求设计，所以最后仅为空军使用。该机原型机于1964年12月首次试飞，A型的生产型从1967年10月开始装备部队，是世界上最早的实用型变后掠翼飞机，最后于1968年停止生产。

AARDVARD IS FLYING IN THE SKY

# [土豚翔空] F-111战斗机

F-111 FIGHTER JETS ARE ONLY USED FOR THE AIR FORCE

## 退役"土豚"

2011年12月2日，澳大利亚空军在昆士兰州的阿姆伯利空军基地举行最后一批F-111C战斗轰炸机的退役仪式。这意味着从首架原型机F-111A首飞至今已服役46年的变掠翼、远程打击飞机F-111将退出历史舞台。

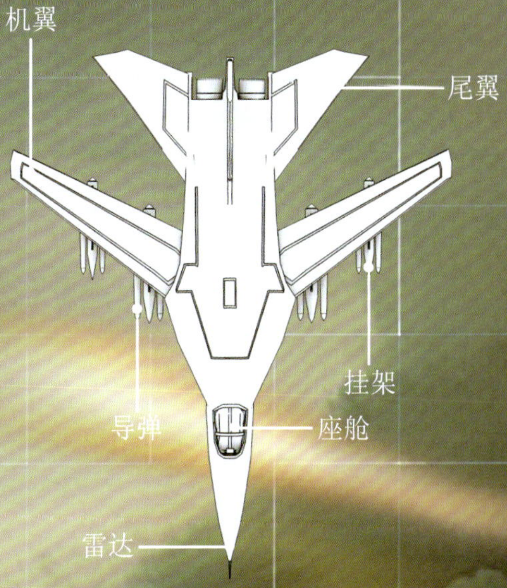

### 2 机身弹舱

战机的武器都放入机身弹舱内，弹舱增大了机身内部体积造成空重的大幅度上升，同时还使得机身变宽变厚。

### 3 尾翼

普通悬臂式后掠尾翼；除水平尾翼翼尖和尾翼中段外，均用蜂窝壁板；平尾与机翼后掠时成三角翼。

回

### “云雀”II(轻型直升机)

- 乘员1人
- 长度9.7米
- 透博梅卡阿都斯特IIC6涡轮轴发动机

### 小羚羊(轻型直升机)

- 乘员2人
- 长度11.97米
- Turbomeca AstazouIIIA涡轮轴发动机

## 武装直升机

武装直升机是装有武器、为执行作战任务而研制的直升机。在直升机上加装武器开始于40年代,可分为专用型和多用型,因为它具有独特的性能,在局部战争中发挥日益重要的作用。直升机可执行多种任务:攻击坦克、支援登陆作战、掩护机降、火力支援、直升机空战等。

20世纪60年代,法国提出轻型直升机的研制计划。1964年开始设计“小羚羊”,采用“云雀”II的传动系统、透博梅卡公司的“阿斯泰阻”III发动机和德国伯科夫公司联合开发的旋翼。1967年,法、英两国签订生产协议,之后“小羚羊”出世。1967年4月7日飞机首飞,该机以其非常优秀的飞行性能,被各国军民客户大量订购,用于反坦克和交通监视等广泛领域。

THE FLYING DUIKER

# [青空奔羚] S A341 小羚羊直升机

DUIKER HELICOPTERS ARE GOOG AT FLYING PERMANCE IN THE SKY

## 1 观瞄装置

为制导反坦克导弹，机舱顶部装有APXM397陀螺稳定观瞄装置，或其全天候改进型号，或AF532先进观瞄装置。

## 2 悬翼

三片半铰接式NACA0012翼形旋翼，可人工折叠，尾桨是法国直升机常见涵道式，带有桨叶刹车。

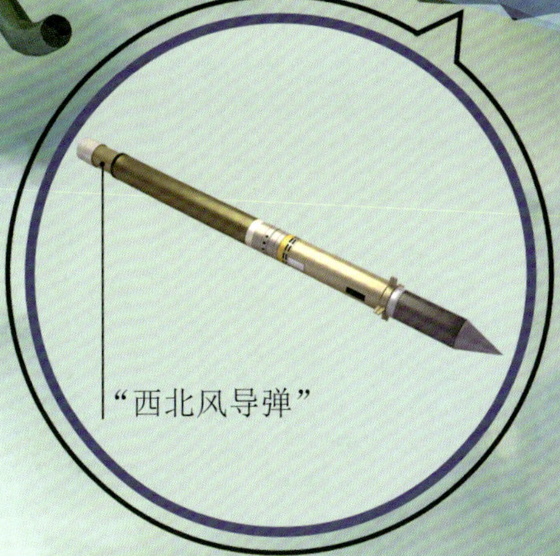
“西北风导弹”

### 直升机反直升机作战

装备“西北风”导弹的“小羚羊”能执行“直升机反直升机”的作战任务。“西北风”导弹是一种热寻导弹，采用多元红外导引头，灵敏度高。首次采用锑化铟四元敏感器件和数字式信号处理装置，具有全向攻击能力，射程6千米，发射的海拔高度在3千米以上。在目标释放出能量的引导下，以2500千米的速度攻击目标。

**MiG-25(原型)**

- 高空高速截击型
- 翼展13.95米
- 上单翼布局

**MiG-25P(改进型)**

- 高空高速侦察型
- 机翼翼展略减小
- 翼前缘取直

**警示标志**

为标示军用飞机的所属国籍而喷徐在机翼、机身或尾翼上的特定标记。大多数国家诸军兵种的军用飞机均采用同种机徽，习惯上称军用飞机机徽。MiG-25在机首有警示标志。MiG-25RB最终于1970年12月投入现役，装有SRS-4A/B/V型电子侦察设备，在机首部还安装了SPS-141“警报”电子对抗干扰机。

PURSING THE WIND

# [追风狐蝠] MIG-25战斗机

MIG-25 FIGHTER CAN MONITER THE COURSE ALL THE TIME

SR-71仿照“黑鸟”族战机设计，属于高空高速侦察机，普通侦察机无法跟踪监视。但是，米格(以下简称MiG)-25可以轻松地尾随在SR-71的后面随时监视其航向，并在其有不轨举动时提出警告。MiG-25是苏联米高扬设计局研制的高空高速截击歼击机。是世界上第一种速度超过3675千米每小时的战斗机。该机于20世纪50年代末开始设计，原型机于1964年首次试飞，1969年开始装备部队。

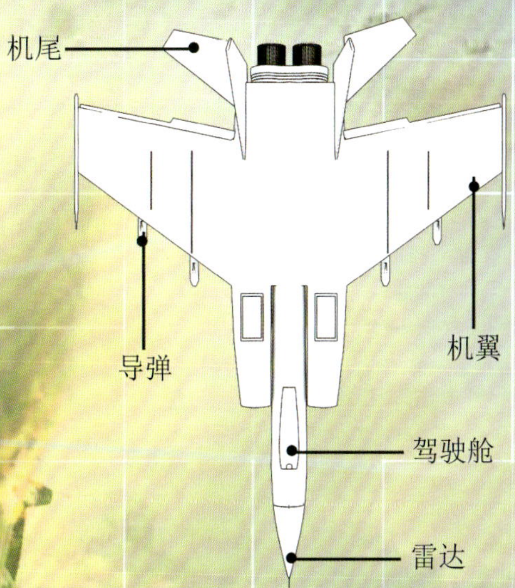


## 1 驾驶舱

驾驶舱和设备舱采用通风冷却；飞行员借专用的空气喷头提供的冷却空气降温，风挡由导流环喷出的空气冷却。

## 2 油箱

除机翼采用焊接的整体油箱外，机身的焊接整体油箱结构占其容积的70%，总贮油量高达14.5吨。

## 3 上单翼

上单翼布局，由于主翼为上单翼，为防止大迎角下水平尾翼因处于主翼尾流而失效，所以尽量提高水平尾翼高度。

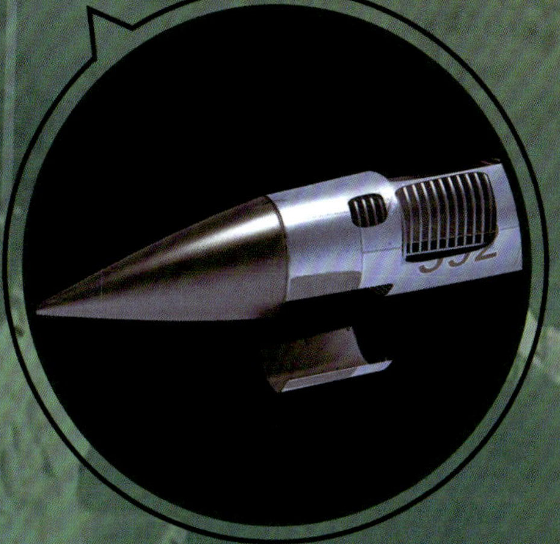

## 机首相机舱

MiG-25RB侦察设备得到了进一步的加强，A-70M型相机和A/E-10型相机被替换为拥有150MM镜头的2台A-72相机，并根据任务属性的不同，可以选装SRS-4A/B/V型电子侦察设备。而且MiG-25RB在机首部专门设置了相机舱，为它专门设置了舱门，可见该设备的价值，也方便了取放。

### 坠毁事件

20世纪80年代，已经有两架Tu-22M轰炸机因发动机故障坠毁。第一起事故发生在80年代中期，第30空军集团军一架Tu-22M在伊尔库茨克上空11 000米处失事，集团军司令别兹博科夫将军因此被解职，事故调查委员对外公布的事故原因是飞机误入雷雨云层导致飞机失控，真实的原因则是能源供应系统故障。

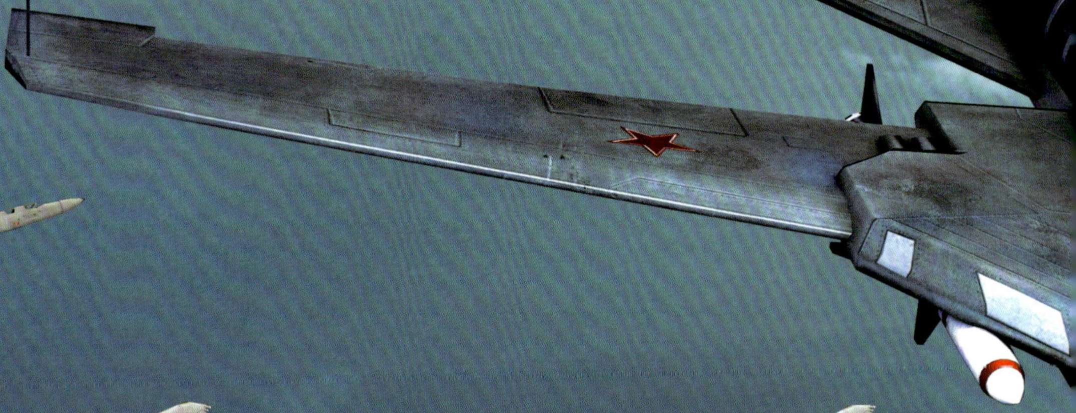

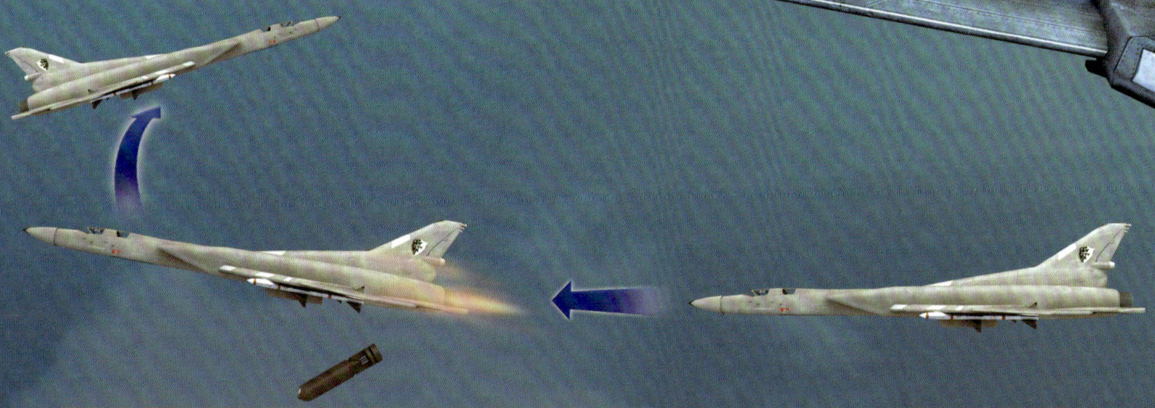

### 超音速突防

该机具有良好的低空突防性能，使其生存能力大大高于苏联以往的轰炸机。在执行任务时，离目标180千米~270千米时发射导弹，然后继续前飞，以制导导弹飞向目标。若使用常规炸弹轰炸，则可以超音速接近目标，在目标上空以高亚音速进行水平投弹，再以超音速脱离，可作贴地飞行突防。

由于Tu-22在操作上发生很多问题，苏联决定对Tu-22改良，Tu-22M即为其改良机。Tu-22M具有核打击、常规打击及反舰能力。Tu-22M于1969年8月30日首次试飞，试飞时被北约发现，接下来好几年却被北约误认为“Tu-26”轰炸机。被称为Tu-22M是图波列夫为了保护整个设计企划案而处心积虑说服苏联政府的做法，即“这其实是Tu-22的第二代改良，不是全新的机型”。这一做法误导了全世界。

FIRE TO THE SKY

# [逆火冲天] TU-22M 轰炸机

TU-22M BOOMBERS ARE THE SECOND GENERATION OF TU-22

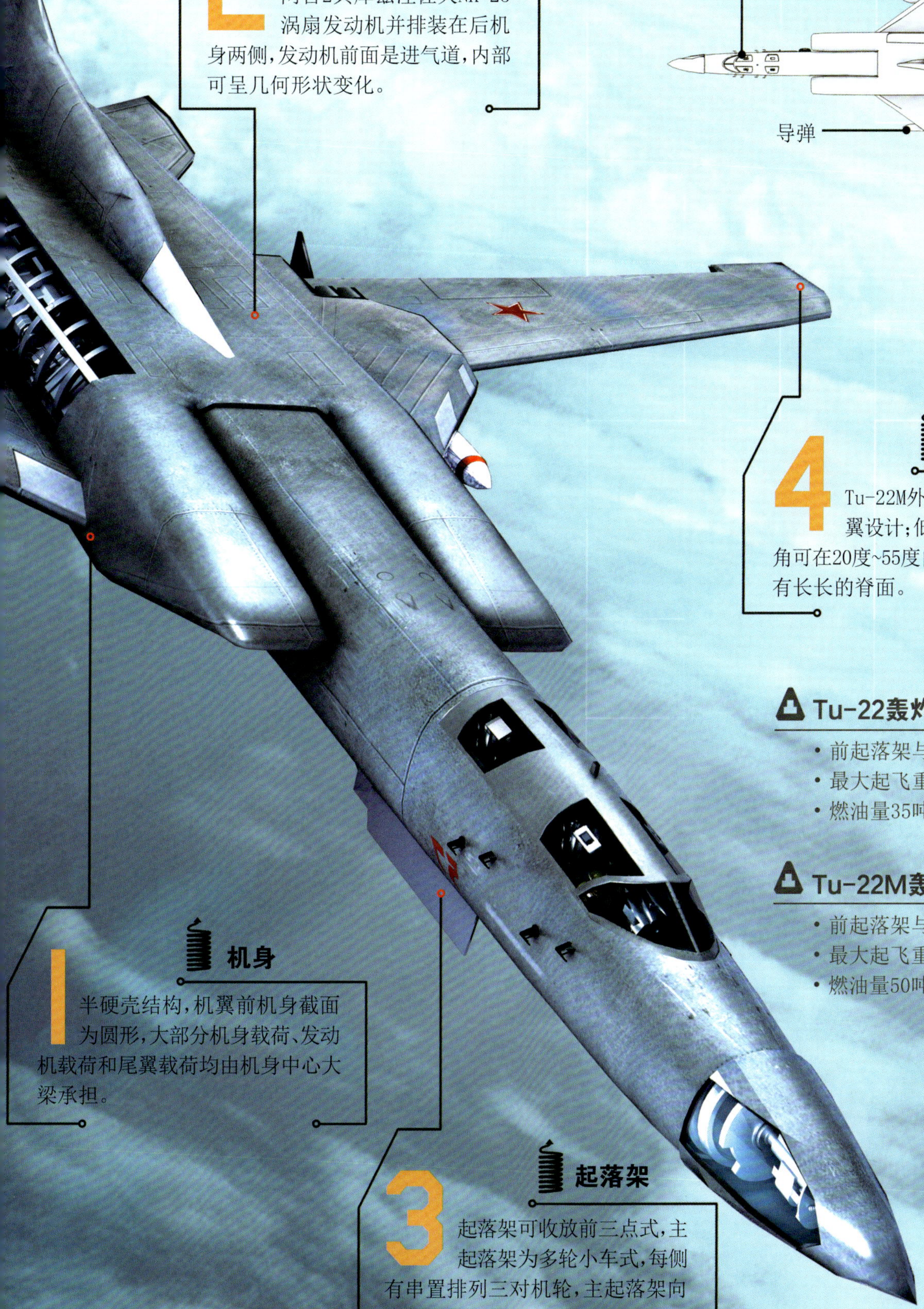

## 2 发动机

两台2具库兹涅佐夫NK-25涡扇发动机并排装在后机身两侧，发动机前面是进气道，内部可呈几何形状变化。

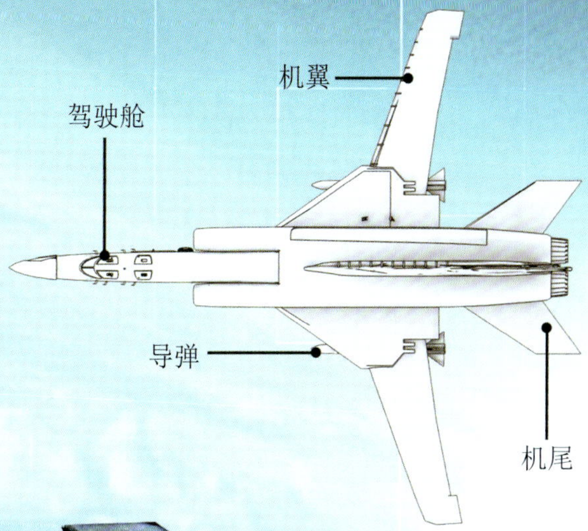


## 4 可变后掠翼

Tu-22M外形特色是变后掠翼设计；低单翼外段的后掠角可在20度~55度内变化，垂尾前方有长长的脊面。

### Tu-22轰炸机(原型)

- 前起落架与弹舱门相同
- 最大起飞重量83.9吨
- 燃油量35吨~40吨

### Tu-22M轰炸机(改进型)

- 前起落架与弹舱门相同
- 最大起飞重量124吨
- 燃油量50吨

## 1 机身

半硬壳结构，机翼前机身截面为圆形，大部分机身载荷、发动机载荷和尾翼载荷均由机身中心大梁承担。

## 3 起落架

起落架可收放前三点式，主起落架为多轮小车式，每侧有串置排列三对机轮，主起落架向内收入机腹。

STILL BEING A HERO

# [雄风依旧] M-24 武装直升机

M-24 "HIND"HELICOPTER GUNSHIP IS POPULAR IN COUNTRIES

与美国的阿帕奇相比，雌鹿直升机的电子技术略逊，不过雌鹿直升机也有其优势，包括强大的火力以及可携带步兵。尽管雌鹿的时间久远，显得过于老旧了，但使用价值是备受肯定的。雌鹿武装直升机，即米(以下简称Mi)-24，是苏联米里设计局在Mi-8直升机的基础上研制的专用武装直升机，于20世纪60年代后期开始研制，1972年年底试飞并投产，曾经大量装备苏联部队，并出口至30个国家和地区。

## 强制的马斯托洛夫

雌鹿通常护航其他直升机进出喀布尔，使用热焰弹去欺骗刺针导弹，必要时还得用机身挡导弹，因为最坏情况下雌鹿被击中的生存率也好过运输直升机被击中，所以机员都自称"MandatoryMatsurovs"强制的马斯托洛夫，此人是一位来自苏联的"二战"英雄，传说他牺牲自己去堵住德军机枪口，让友军能够反击。

**雌鹿(武装直升机)**

- 可携带步兵
- 电子设备落伍
- 灵活性及可靠性强

**阿帕奇(武装直升机)**

- 不可携带步兵
- 电子设备先进
- 灵活性及可靠性较弱

**驾驶舱**

驾驶舱后机舱可容8名武装士兵，有一大型滑动舱门；驾驶舱前为平直防弹风挡玻璃，重要部位有防护装甲。

## 2 旋翼

旋翼有5片桨叶，等弦长翼弦，翼型为NACA230，旋翼大梁为钛合金大梁，外敷玻璃钢蒙皮，中填蜂窝夹芯。

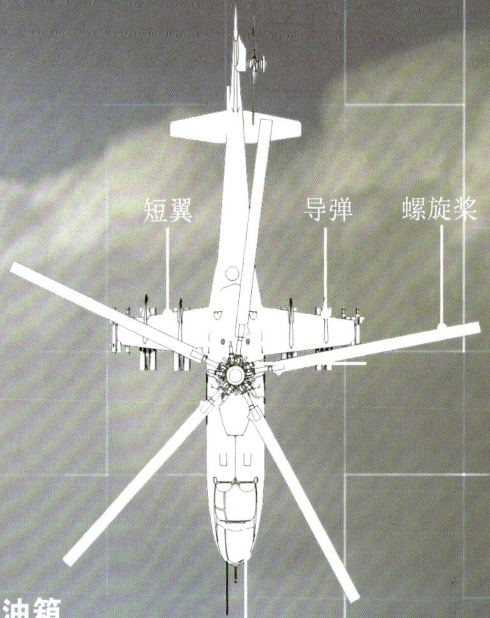


## 4 油箱

主油箱位于机舱后面机身内，软油箱位于机舱底部；机舱中1吨辅助油箱可使直升机燃油量增加1.5吨。

## 3 短翼

机身上装有全金属悬臂式短翼，平面为梯形，具有大约16度下反角和20度安装角，巡航飞行时，短翼可卸载25%。

### "死亡之轮"战术

Mi-24大规模行动通常采用4机甚至8机编队队形，常采用"死亡之轮"战术。直升机群先在目标上空周围盘旋，以确定目标位置，后不停地火力覆盖目标。接着直升机以梯形编队逼近目标并陆续将机头对准目标，实施火力打击，头一轮打击后直升机迅速向各个方向散开，重磅炸弹以极小的时间间隔从各个方向落向目标。

### 扰流板

每侧上翼面各有3块扰流板，当后掠角小于57度时自动接通，用于辅助横侧操纵和着舰时减速，改善了操纵性能。

### 变后掠中单翼

采用变后掠中单翼，外翼段较短，可减轻转轴结构的重量。根据飞行状态自动调节后掠角的角度，也可由驾驶员手动调节，最大变化速度为7度每秒。停放时后掠角最大可达75度，这样可减少占用面积。为控制机翼后掠角变化时压力中心移动提供的俯仰配平升力和降低翼载荷，在机翼固定段前缘设计了可动前置扇翼。

提起武器，设计师在设计时更多考虑武器性能。但是，F-14却有着炫酷的造型，不禁让人将其与“暴力美学”联系起来。F-14是美国海军战斗机群中最受军事迷喜爱的机种，集酷美的外形和优质战斗力于一体，其所挂载的“不死鸟”空空导弹，验证了“决胜于千里之外”的战略名言。它于1970年12月首飞，1974年服役，2006年正式退役，是双座超音速多用途重型舰载战斗机，替换了F-4战斗机。

VIOLENCE AESTHETICS

# [暴力美学]F-14战斗机

F-14 FIGHTERS ARE TERRIFYING AS WELL AS BEAUTIFUL

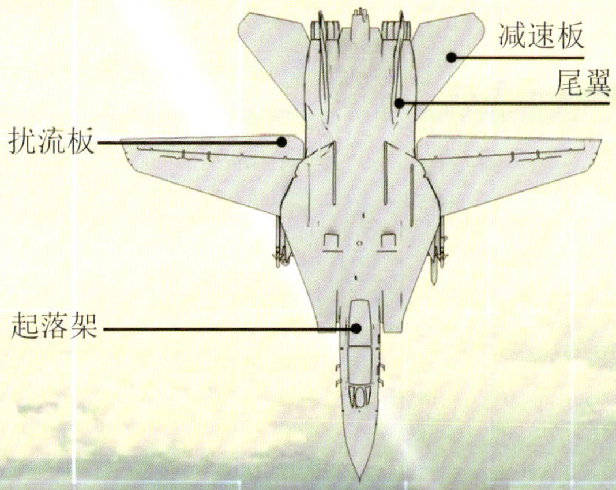


### F-4(原型)

- 最大起飞重量28.03吨
- 最大爬升率251米每秒
- 空重13.76吨

### F-14(改进型)

- 最大起飞重量33.72吨
- 最大爬升率152米每秒
- 空重18.19吨

## 2 减速板

后机身从前至后变薄，后机身上下有减速板，上1下2，剧烈俯冲和发射导弹时打开，着陆下减速板锁死。

## 编队灯

F-14战斗机上安装有编队灯，通常在夜晚打开，在两个机翼翼尖，和翼尾尖部都有。“左红右绿尾白”，作用是飞机轮廓、方向、位置识别。比如前方飞机你看到左边是绿灯右边红灯，那这架飞机就是在向你迎面飞来，要做好防撞或躲闪准备。如果看到是2个白灯那就是和你同向前进。

## 3 尾翼

由双垂尾和可差动的全动平尾组成，平尾的偏转角为15度~35度，差动平尾起副翼的作用。

GOSHAWK IS FLYING

# [振翅苍鹰] A-10 攻击机

THE CREATIVE DESIGN OF A-10 STRIKE AIRCRAFT IS ADMIRABLE

A-10攻击机于20世纪70年代设计，至1974年年底，A-10被批准投入生产。1975年开始装备空军。该机是美国空军现役唯一一种负责提供对地面部队的密接支援任务的机种。在多数人的眼中，A-10显得很笨拙、很落伍，可是它的优良性能并没有因为技术的进步与发展而被掩盖。这也印证了“没有最先进，只有更合适”的武器设计思想。

**苏-25(攻击机)**

- 长14.36米
- 空重9.5吨
- 最大起飞重量17.6吨

**A-10(攻击机)**

- 长16.26米
- 空重11.32吨
- 最大起飞重量23吨

**操纵系统**

机身两侧有两套液压主飞行操纵系统，一边中弹仍可保持操控，液压系统损坏可通过钢缆控制方向舵及升降舵。

## A-10使用的发动机

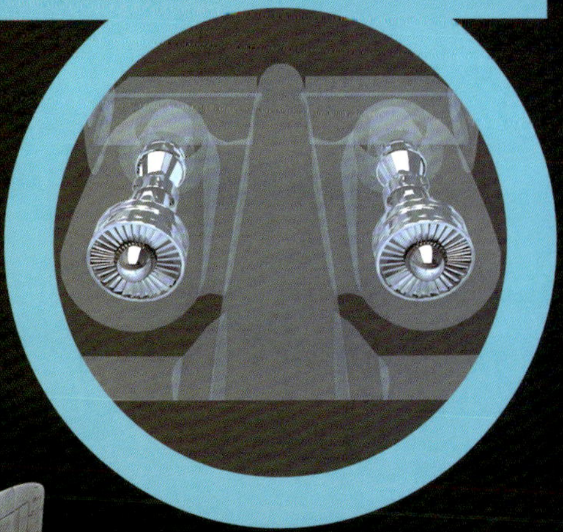

A-10所使用的涡扇发动机是涵道比高达6:1的通用TF34-GE-100，同时产生的废气通过尾翼间排出，掩盖了部分废气的红外线，使热追踪的便携防空导弹较难锁定。引擎安装于主翼后上方、尾翼的组件前上方，让主翼和尾翼掩挡引擎，使引擎不暴露于来自下方的攻击。地面维护时，位置较高也让引擎可安全地保持运转状态，省却重启时间。

## 2 机身结构

该机所采用的中等厚度大弯度平直下单翼、尾吊双发、双垂尾的正常布局，这种设计便于安排翼下挂架。

## 3 垂直尾翼

两个垂直尾翼增加了飞行安全性，作战中即使垂尾遭破坏，不会使飞机无法操纵，下垂翼端设计可减小阻力。

## “智能”油箱

为防止油箱被炮火命中，A-10将油箱置于机身内，油箱为橡胶泡棉自动闭锁式，中弹后会自动封闭，防止油料外漏；输油管只有一小截暴露在发动机与油箱之间，并在机体上部，油箱中弹后油管也会自动封闭，避免油料流入受损油箱。紧急时可关闭主油箱，使用两个发动机之间的小油箱继续飞行。

THE EAGLE IS UP TO THE SKY

# [鹰击长空] F-15战斗机

THE AIR SUPERIORITY OF F-15 FIGHTER IS VERY REMARKABLEA

F-4战斗机绰号为“鬼怪”，是美国第三代战斗机的代表。F-15的出现是为了弥补在越战上屡出问题的F-4的一些缺点。因此，F-15设计主要是为了占据绝对的空中优势，不过它的对地作战能力也很强，是一架不可多得的优秀战斗机。F-15于1972年首飞，总生产数量1200余架，F-15服役至今总生产数量1200余架。各种改型数十种，外销至6个国家。

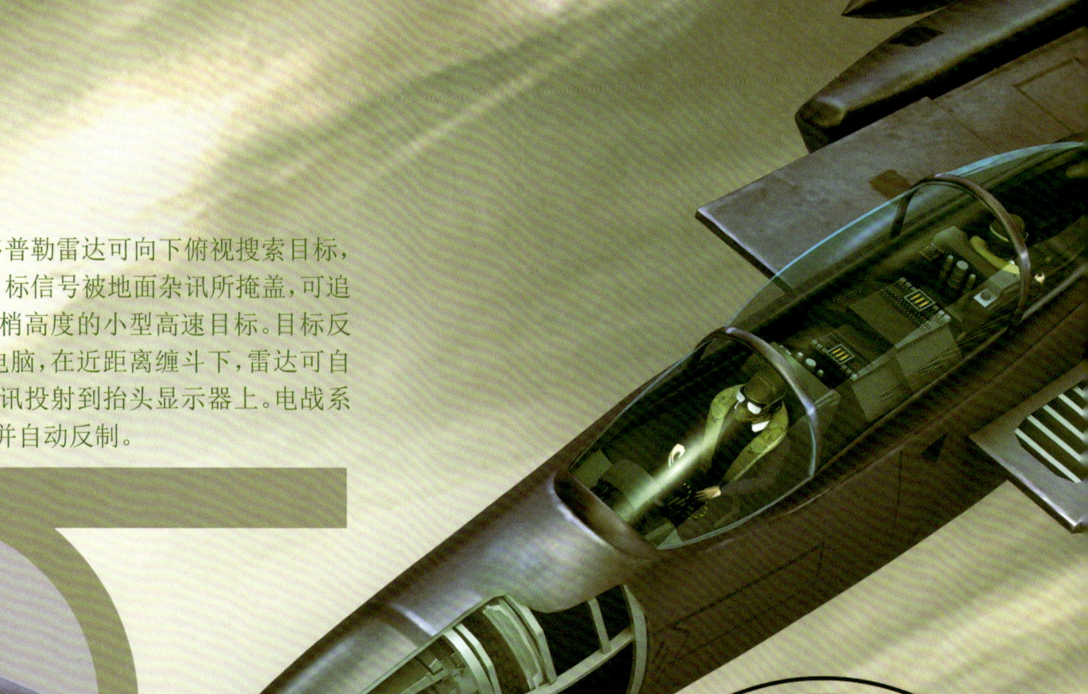

F-15的多功能脉冲多普勒雷达可向下俯视搜索目标，利用多普勒效应能避免目标信号被地面杂讯所掩盖，可追踪从视距外到近距离、树梢高度的小型高速目标。目标反射雷达信号会传到中央电脑，在近距离缠斗下，雷达可自动捕获目标，并将目标资讯投射到抬头显示器上。电战系统提供威胁来源的警告，并自动反制。

## 雷达装置

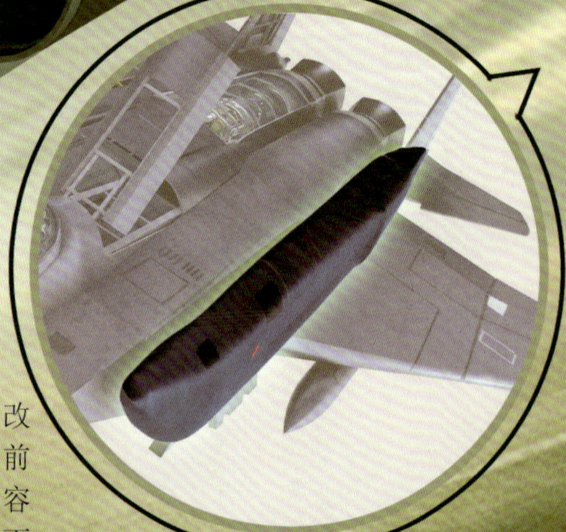

## 保形油箱

保形油箱的设计思想是在保持或不改变飞机整体流线型（保形）的气动布局的前提下，紧贴机体添置贮存燃油的容器，使容器圆形表面与机翼或机身的表面相切，从而减小飞行阻力和雷达反射面积。

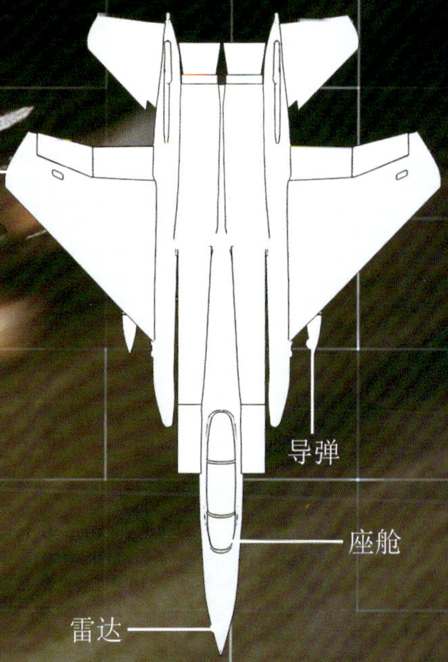


### F-4战斗机(原型)

- 空重13.76吨
- 产于美国
- 造价240万美元

### F-15战斗机(改进型)

- 空重12.973吨
- 产于美国
- 造价超过2700万美元

## 1 单块式减速板

单块式减速板位于机身背部，最大开度35度，可以在任何速度下打开，并不会改变飞机的俯仰姿态。

## 2 切尖三角翼翼形

三角翼在改善机翼结构、增大机内容积方面有较大优势，同时可以使飞机在跨音速区的阻力增加变得更加平缓。

### 雷达天线罩

美国E3“望楼”预警机机身上方安装有一个圆形雷达天线罩。该雷达罩直径9.1米，厚度1.8米，用两个支柱支撑在离机身3.3米高处。内部安装有雷达天线系统，能够提供对大气层、地面、水面的雷达监视能力。雷达工作时，旋转天线罩由液压驱动，每分钟6转；雷达不工作时，每分钟1/4转，以保持轴承的润滑。

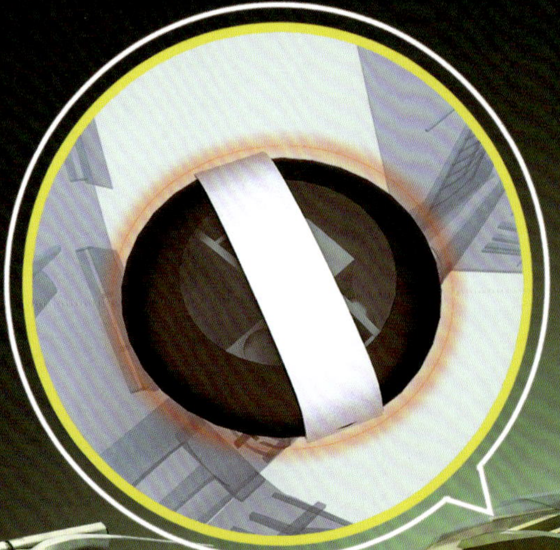

#### E-3 A(首批生产型)

- 机长46.61米
- 机高12.6米
- 最大起飞重量147吨

#### E-2 D(改进型)

- 机长17.6米
- 机高5.58米
- 最大起飞重量260.83吨

#### 1 多用途控制台

机上有多用途控制台，操作员通过控制台上的显示器，以文字或者图形的多种格式查看各种信息。

#### 2 通信系统

装有14种高频、甚高频、超高频通信设备，能够确保E-3对E-3、对空、对地和应急通信。

### 逐步被取代

由于波音707机体停产已久，美军原计划以诺斯洛普格鲁曼所研制同样使用波音767机体的E-10 MC2A替换机龄渐长的E-3、RC-135和E-8联合之星指挥机；然而，由于E-3C Block 30/35机队老化过时，为让E-3C机队仍能符合在现代战争环境下的需要，美军与波音公司于2011年开始改装、测试E-3 Block 40/45机型。

FULL ALART

# [全面警戒] E-3望楼预警机

AMERICAN E-3 “TOWER”AEW IS THE UPGRADE OF BOEING 707

1963年，美国空军防空司令部和战术空军司令部提出对空中警戒和控制系统的要求，1966与彼音公司和威斯汀豪斯公司签订了飞机和雷达系统的研制合同。1970年和1973年他们的方案分别被选取，然后用波音707-320B改装两架试验机进行对比试飞，试验机编号为EC-137D。随后又以波音707为基础制造了三架原型机，这就是E-3“望楼”的前身。1975年E-3的第一架原型机试飞，1977年第一架生产型交付使用。

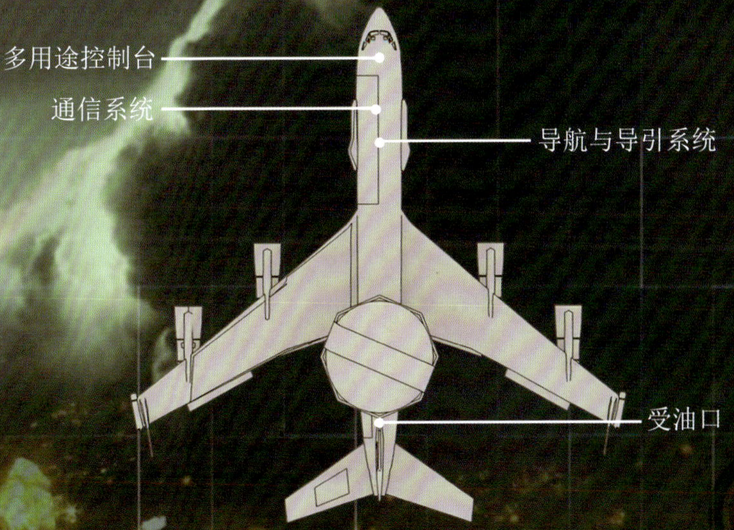


### 3 受油口

受油机有突出的受油口，套住软管口，缺点是软管易受气流影响，对接需要耐心，且输油速度低。

THE FIERCE HORNET

# [狠猛蜂毒] F-18战斗机

F-18 FIGHTERS ARE DEADLY HORRIBLE LIKE A BIG HORNET

提到大黄蜂我们一定会想到森林里那种蜇人的昆虫，它们一旦受到侵犯便会追在你身后不停地攻击，而且它们的攻击会使人丧命。F-18是美国麦道公司为美国海军研制的舰载单座双发超音速多用途战斗机，因其优良的性能得到了“大黄蜂”的称号。1978年11月18日第一架F-18原型机首飞，1980年5月开始交付美军。它主要用于海上防空，也可进行对地攻击，用于替代逐渐老化的后掠翼F-14“雄猫”式战斗机。

## 起落架的应用

起落架为前三点式，有供弹射起飞用的牵引杆。为增加在航母甲板滑行时的稳定性，F-18战斗机主轮距增加到3.11米，粗壮的跪式起落架可承受着舰时7.32米每秒的下降率。主起落架向后并旋转90度收入进气道下方机腹，双轮前起落架向前收入前机身。

## 座舱

战机引入“玻璃”座舱概念，淘汰了许多表盘式仪表，并将原先表盘式仪表信息显示在阴极射线显示器上。

## 2 机身

F-18战斗机机身用半硬壳结构，采用轻合金，增压座舱采用破损安全结构，后机身下部装配着舰用的拦阻钩。

## 3 机翼

机翼为悬臂式中单翼，后掠角动襟翼，后缘有液压动作襟翼和副翼，外翼段可折叠。

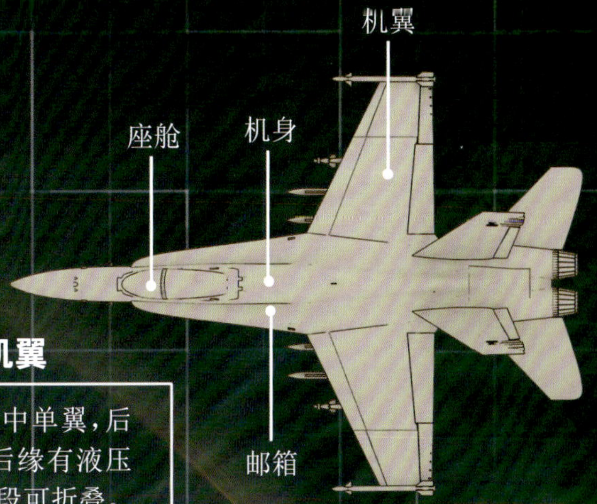

### F-18(第四代战斗机)

- 美国舰载战斗机
- 钛合金的使用仅占12.9%
- 现服役

### 歼-15(第四代半战斗机)

- 中国第一代舰载战斗机
- 广泛使用钛合金，机身强度更大
- 处于试飞阶段

### 双垂尾设计

重型机的气动负荷大，如果用单垂尾的话，必须要使用很大尺寸的垂尾，对于战斗机来说非常不利。而轻型战斗机比如F-16单垂尾就足够了，因此在气动负荷不大的情况下，单垂尾对于双垂尾有明显优势，美国和苏联的重型战斗机居多，只能选择双垂尾。换句话说，双垂尾被打烂了一块还能勉强支撑回到基地。

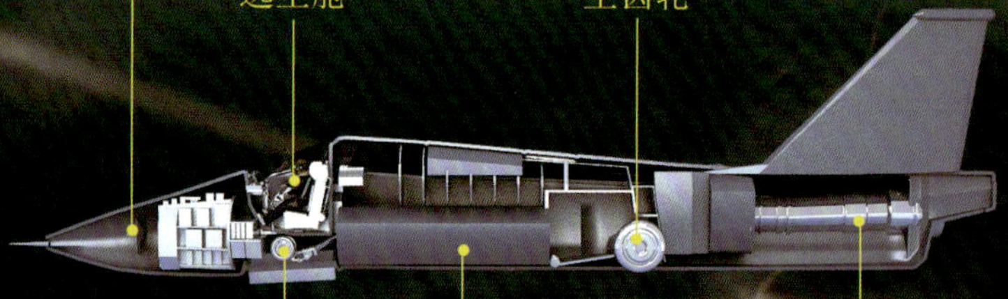


## 机翼

采用NACA64A210.68翼型，加强结构的垂直安定面增加外带电子对抗短舱，其最主要作用是产生升力。

## AN/ALQ-99 干扰系统

改装内容包括安装一套AN/ALQ-99干扰系统，该系统的激励器、天线和其他设备安装在弹舱内的一个托架上，其他组件安装在机腹4.88米长的独木舟形天线罩内，垂尾顶部短舱内容纳了电子对抗接收机。该机的自卫子系统包括一部干扰系统和一个干扰物投放装置。该机还安装了一套包括红外和电子对抗接收机在内的威胁接近警报子系统。

THE ELECTRONIC RAVEN

# [电子渡鸦] EF-111A 电子对抗机

EF-111A PLAYED AN IMPORTANT ROLE IN GULF WAR TO AMERICA

20世纪70年代,美国格鲁门公司在通用动力公司F-111A战斗机的基础上开始研制变后掠翼专用电子对抗飞机,该机主要执行远距离干扰、突防护航和近距支援任务。1977年3月第一架原型机首次试飞,命名为EF-111A。生产型于1981年10月开始交付美国空军使用,美国空军共订购了42架,装备了两个中队。1991年的海湾战争中,EF-111A作为美空军的主要电子战飞机发挥了很大的作用。

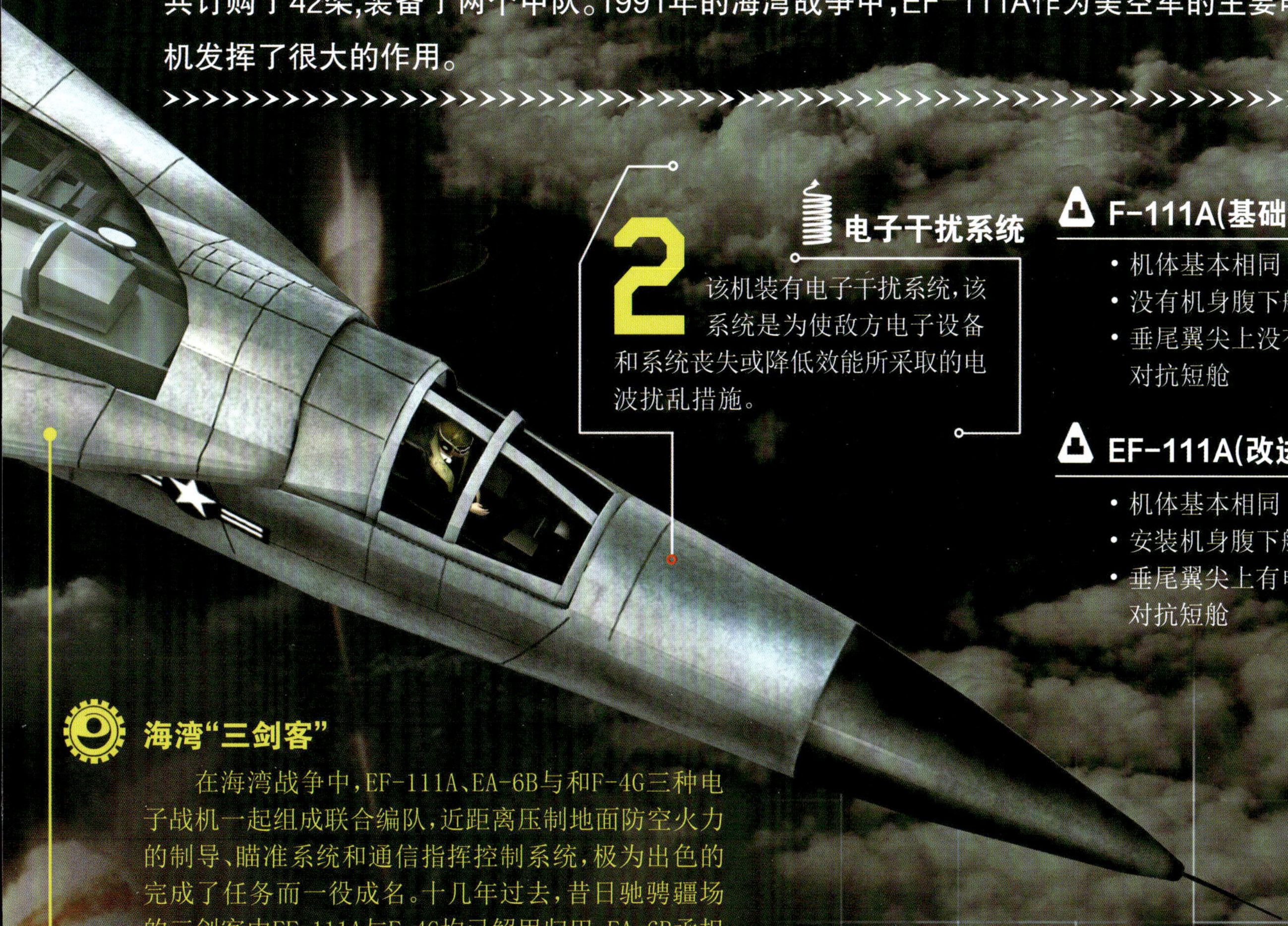

### 2 电子干扰系统

该机装有电子干扰系统,该系统是为使敌方电子设备和系统丧失或降低效能所采取的电波扰乱措施。

### F-111A(基础型)

- 机体基本相同
- 没有机身腹下舱
- 垂尾翼尖上没有电子对抗短舱

### EF-111A(改进型)

- 机体基本相同
- 安装机身腹下舱
- 垂尾翼尖上有电子对抗短舱

### 海湾“三剑客”

在海湾战争中,EF-111A、EA-6B与和F-4G三种电子战机一起组成联合编队,近距离压制地面防空火力的制导、瞄准系统和通信指挥控制系统,极为出色的完成了任务而一役成名。十几年过去,昔日驰骋疆场的三剑客中EF-111A与F-4G均已解甲归田,EA-6B承担起了美海军所有随队电子支援的重任。

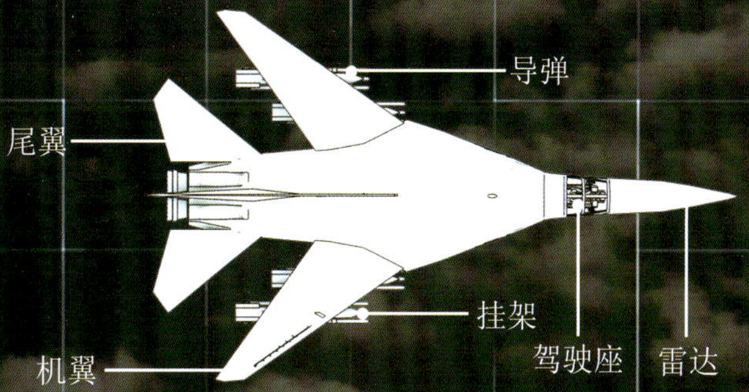

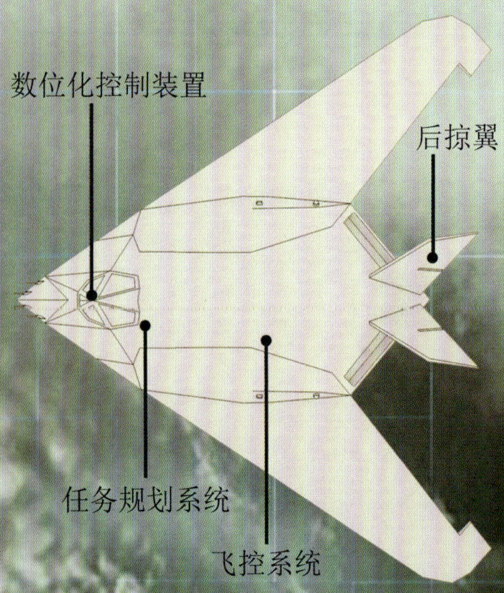


**F-117“夜鹰”(隐身攻击机)**

- 长20.09米
- 高3.78米
- 最大航程860千米

**F-22“猛禽”(隐身攻击机)**

- 长18.90米
- 高5.08米
- 最大航程2960千米

## 1 任务规划系统

自动任务规划系统，可以协调所有的攻击任务，计划出攻击路线，并且自动执行，包含武器的释放。

## 外形独特

为达隐身目的，F-117A战机外形上取消了机身与机翼、水平尾翼与垂直尾翼、飞机机身与发动机悬挂舱及武器吊舱等设计，而采用由多个小平面构成的多面体结构，大多数表面与垂直面的夹角大于30度，以使从高空射来的雷达波经反射后向下偏转，使地面射来的雷达波经反射后向上偏转，使对方侦察雷达不易接收到反射波。

## 2 控制装置

有一套整合精密导引和攻击系统数位化飞航控制装置，飞行自动控制系统的参数随飞行高度或动压而变化。

THE SHADOW PLANE

# [影绰玄机] F-117A 隐身攻击机

THE STEALTH ATTACK OF F-117A IS IMPORTANT IN GULF WAR

由彼得·乌菲莫切夫发表的《物理衍射理论中的边缘波行为》可知，大的飞机也可以“隐身”的，且计算机的发展使得隐形飞机的研究日趋成熟。F-117A立项于1973年，是由美国研制的隐身攻击机，也是世界上第一种可正式作战的隐身战斗机。F-117A服役后一直处于保密之中，1989年4月F-117A在内华达州的内利斯空军基地公开面世，吸引了数万名观众观看，其在1991年海湾战争中发挥了极大的作用。

### 3 后掠翼

采用了一对高展弦比机翼及后掠角后掠翼，后掠翼的气动特点是可增大机翼的临界马赫数，减小飞行阻力。

### 隐身系统是真的隐身吗?

F-117A是美国空军第一种隐身多功能战斗机。一般人们都认为隐身就是看不见了，这是一种错误的理解，所谓的隐身飞机不是起飞后就看不见了，而是在雷达荧光屏上找不到它们罢了。F-117A也是如此，整个飞机外形涂有吸波材料，使得雷达反射波集中在水平面的几个波束内，从而达到隐身目的。

COLLOCATION IN HIGH AND LOW

# [高低搭配] F-16战斗机

F-16 FIGHTING FALCON NOW IS SERVING FOR 24 COUNTRIES

从越南战争的实战效果来看，美国的第二代战斗机研制并不成功，所以美国从60年代中后期开始考虑研制第三代战斗机。1972年4月，美国空军选定通用动力公司的401和诺斯罗普公司的P-600两个方案，并签订合同要求两家公司各制造两架原型机，进行试飞竞争，最后通用动力公司的401方案军用编号为F-16的轰炸机胜出。F-16的优异性能使其在对外销售中非常成功，现在24个国家服役。

## "高低搭配"原则

美空军为解决经费与所需战机数量间的矛盾，提出了"高低搭配"原则，即数量少高性能飞机与数量较多、性能低和价格低的飞机配合使用。F-16成为"低档飞机"的候选对象。1974年4月，F-16与F-15飞机开始搭配使用，虽说F-16是一种"低档"飞机，但与F-15相比而言，性能水平还是相当好的。

F-18

F-16

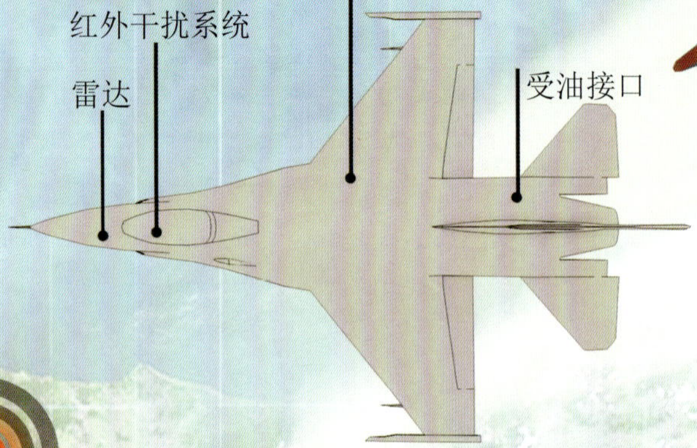

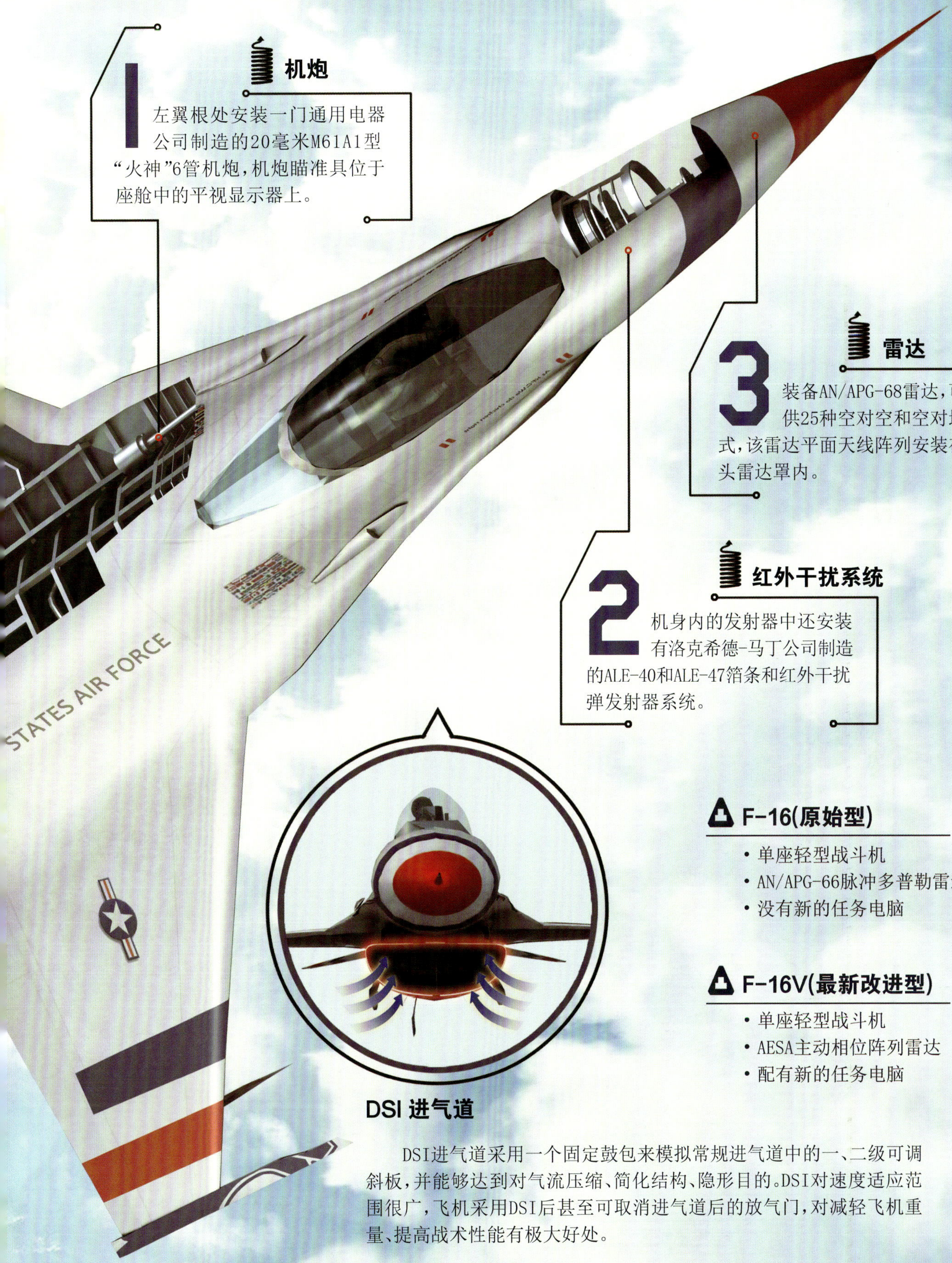


## 1 机炮

左翼根处安装一门通用电器公司制造的20毫米M61A1型“火神”6管机炮，机炮瞄准具位于座舱中的平视显示器上。

## 3 雷达

装备AN/APG-68雷达，可提供25种空对空和空对地模式，该雷达平面天线阵列安装在机头雷达罩内。

## 2 红外干扰系统

机身内的发射器中还安装有洛克希德-马丁公司制造的ALE-40和ALE-47箔条和红外干扰弹发射器系统。

### F-16(原始型)

- 单座轻型战斗机
- AN/APG-66脉冲多普勒雷达
- 没有新的任务电脑

### F-16V(最新改进型)

- 单座轻型战斗机
- AESA主动相位阵列雷达
- 配有新的任务电脑

## DSI 进气道

DSI进气道采用一个固定鼓包来模拟常规进气道中的一、二级可调斜板，并能够达到对气流压缩、简化结构、隐形目的。DSI对速度适应范围很广，飞机采用DSI后甚至可取消进气道后的放气门，对减轻飞机重量、提高战术性能有极大好处。

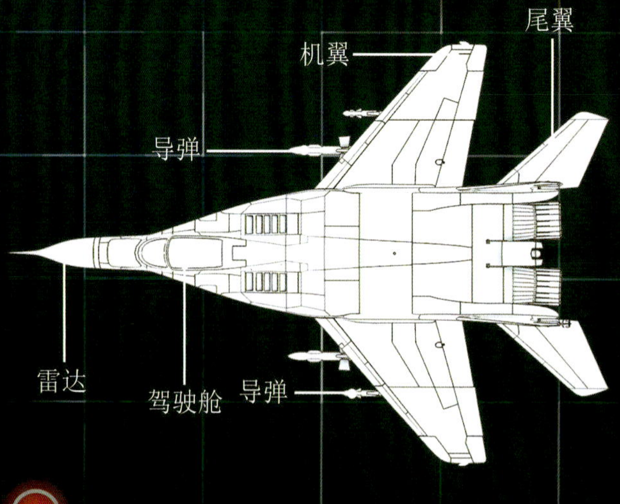


## RD-33发动机的应用

采用RD-33涡扇发动机由克里莫夫设计局研制，双轴，低涵道比。单台推力50千牛，加力推力81.4千牛，发动机推重比按干质量计算为7.87，按交付状态质量6.62。发动机工作稳定，可在飞行包线内任一点空中再启动、接通加力。RD-33高空高速特性突出，性能与F-16A/B装备的F100-PW-100发动机是同一水平。

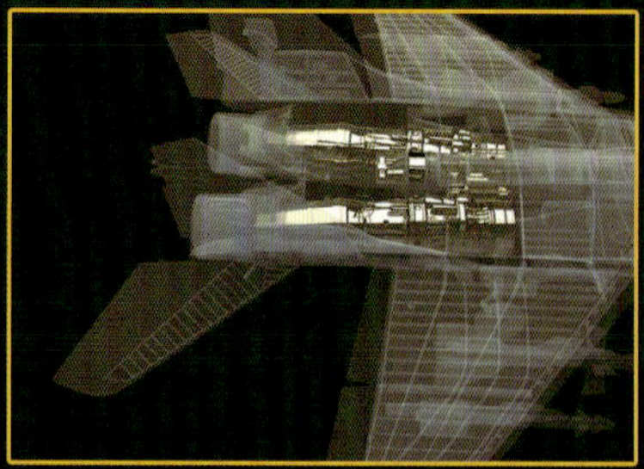

SUPER DREAM

# [壮志凌云] MIG-29 米格战斗机

MIG-29 FIGHTER JETS ARE SERVED FOR MORE THAN 30 COUNTRIES

1969年，苏联实施两个计划：重型先进战术战斗机计划和轻型先进战术战斗机计划。轻型战机的计划交由米高扬飞机设计局。20世纪70年代，苏联米高扬和格列维奇设计局推出了第三代超音速战斗机“米格-29”战斗机（以下简称米格-29）。米-29于1977年首次试飞，1985年初投入使用，是轻中型双发、前线空中优势战斗机，也是苏联第一种从设计思想上就定义为第四代战斗机的机型。除苏联外还有30多个国家使用。

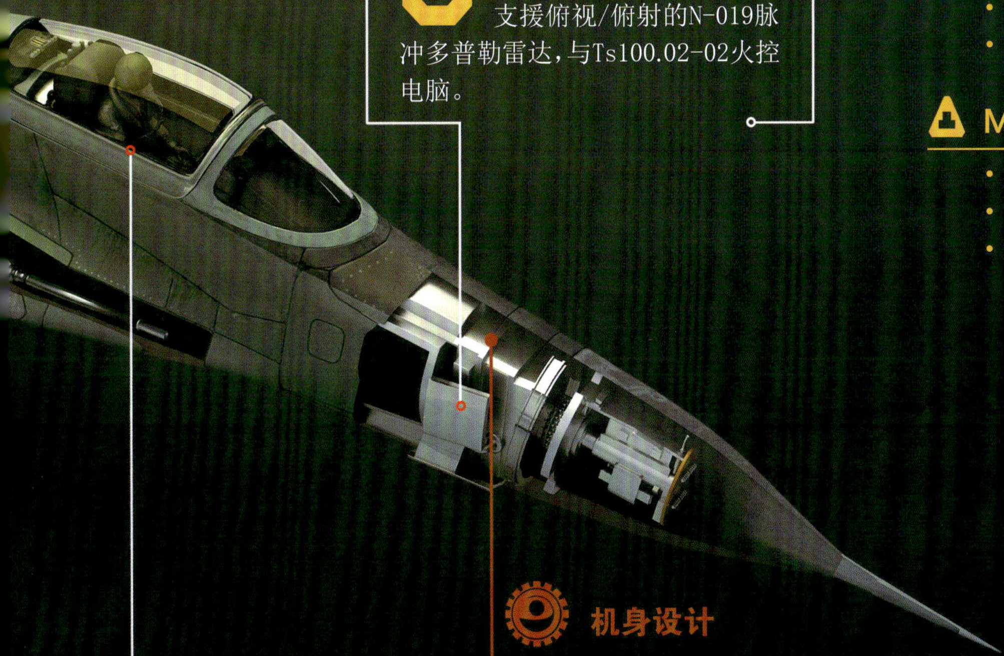

## 3 机头雷达

机头雷达换成包括了一具支援俯视/俯射的N-019脉冲多普勒雷达，与Ts100.02-02火控电脑。

### 苏-27(苏联研制)

- 北约代号侧卫
- 首次飞行在1977年
- AL-31F涡轮扇叶发动机x2

### MiG-29(苏联研制)

- 北约代号支点
- 首次飞行在1977年
- RD-33涡轮扇叶引擎x2

## 机身设计

MiG-29机身结构主要为铝合金组成，部分机身加强隔框使用了钛材料，以适应特定的强度和温度要求，另少量采用了铝锂合金部件。机身有四条纵向主梁，两条位于发动机之间，另两条分别在发动机外侧。靠外的两条主梁向后延伸出机身范围，作为平尾的安装支撑点。MiG-29上采用的复合材料少于西方第三代战斗机。

## 2 舱罩

采用了泡型舱罩，驾驶舱的视野较过去苏式军机多有改善，但仍然不及同时期的西方战斗机。

## 眼镜蛇机动

苏-27能完成高难度的“眼镜蛇机动”。眼镜蛇机动过程是一种飞机过失速机动动作。当敌机距离我方飞机尾部很近并准备攻击时，飞行员可以尝试通过“眼镜蛇机动”的制动作用突然减速使敌机错过你，重获空战优势。不过“眼镜蛇机动”是一个高难度动作，对战机的机动性能和飞行员的驾驶技术要求较高。

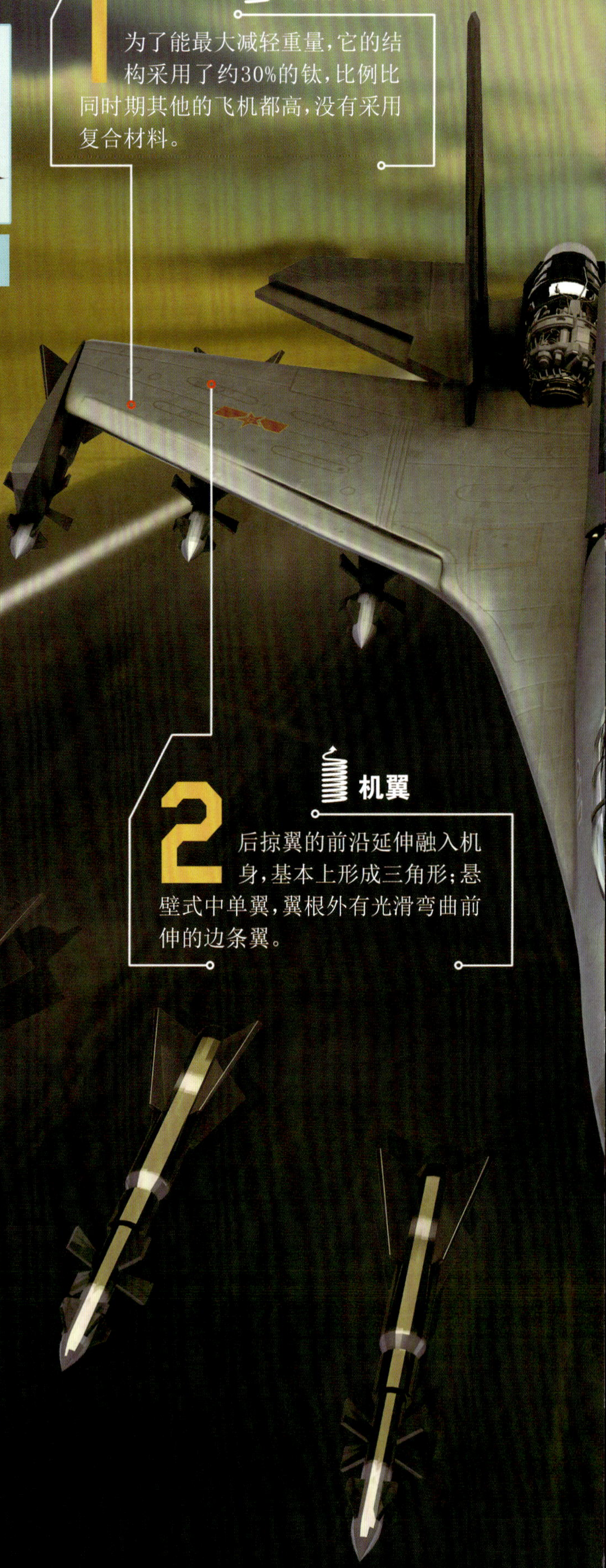

### 1 结构材料

为了能最大减轻重量，它的结构采用了约30%的钛，比例比同时期其他的飞机都高，没有采用复合材料。

### 2 机翼

后掠翼的前沿延伸融入机身，基本上形成三角形；悬壁式中单翼，翼根外有光滑弯曲前伸的边条翼。

**F-15(美国制造)**

- 机长19.43米
- 全高5.68米
- 最大起飞重量30.845吨

**SU-27(苏联制造)**

- 机长21.49米
- 全高5.93米
- 最大起飞重量33吨

PROTECTING THE SIDE

# [侧卫武士] SU-27战斗机

SU-27 FIGHTER HAD BEEN MASS PRODUCING IN 1979 AND 1985

2014年5月，俄罗斯生产和采购了苏-27重型多用途战斗机的三种深度改进型。这让西方国家大为震惊，何以耗巨资采购苏-27呢？苏-27是苏联苏霍伊设计局研制的单座双发全天候空中优势第四代重型战斗机，北约给予的绰号是“侧卫”（Flanker）。研制这一飞机的初衷是为了应对在性能上达到美国F-15和尚在设计的F-16的水平。该机于1969年开始研制，1979年投入批量生产，1985年进入部队服役。

**AL-31F 发动机的使用**

苏-27战机的专用动力装置AL-31F发动机，AL-31F是由俄罗斯留里卡“土星”科研生产联合体研制的带加力燃烧室的涡喷发动机。其性能优良，具有极高的稳定性。在苏-27飞机的各种飞行高度和速度下，即使飞机在以M2的速度进入平螺旋、直螺旋、翻转螺旋和进气道喘振的情况下，发动机工作仍然极其稳定。

**3 油箱**

苏-27利用很大空间储存大量油料，最大航程能在内部油箱携带9.4吨油料，但操控性在负重下会受影响。

**米-6(军用直升机)**

- 北约代号"悬钩"
- 旋翼5片桨叶
- 能吊运12吨货物

**米-26(军用直升机)**

- 北约代号"光晕"
- 旋翼8片桨叶
- 能吊运20吨货物

### 尾桨的作用

直升机尾桨的结构和旋翼类似，位于直升机尾梁上，用于平衡直升机旋翼反作用力矩、保证直升机方向操纵性和稳定性。该机尾桨安装在垂直尾面右侧，每片桨叶由一根管状钢质桨叶大梁和玻璃刚翼型段件组成。水平尾面位于垂直尾面与尾梁的交接处。飞行中平尾固定不变，但可在地面上调整，以适应最佳巡航状态。

20世纪70年代初期，苏联研发的"米-12"直升机应用非常不理想，于是开始研制重型直升机，"米-26"直升机( 以下简称米-26 )因此诞生。这款新机型的设计方案要求飞机自身重量必须小于起飞重量的一半，是当今世界上最重的直升机。原型机于1977年12月14日首次试飞。1981年6月，米-26的预生产型在34届法国巴黎航空展览会上首次公开展出并获成功，1986年6月开始出口印度。

PUNCHING THE SKY

# [重磅出击] M-26 军用运输直升机

MI-26 MILITARY TRANSPORT HELICOPTER WAS EXHIBITED IN PARIS

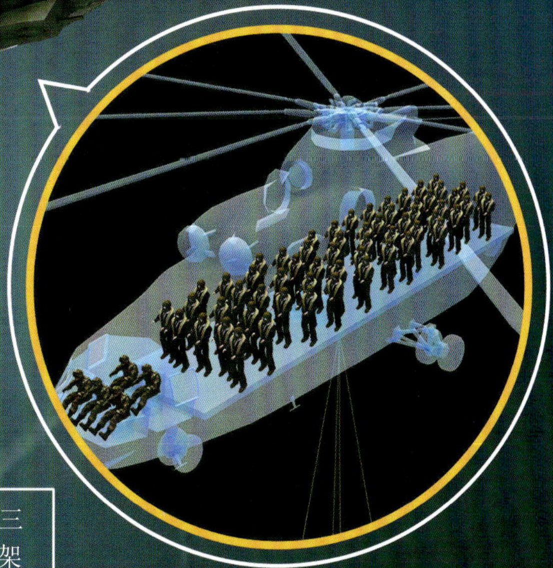

### 3 起落架

机身下部为不可收放前三点轮式起落架，每个起落架有两个轮胎，主起落架的高度还可作液压调节。

### 世界最大的驾驶舱

“米-26”直升机体积庞大，驾驶复杂。早期生产的机型，完成飞行任务需要5人协同配合，2名驾驶员，1名飞机工程师、1名领航员和1名理货员，因此，它的驾驶舱也是世界最大的直升机驾驶舱。所以该机的驾驶舱能容纳至少5人，此外剩余的空间还能装载各种货物、食物、生活用品等。

### 2 旋翼

采用传统的铰接式旋翼，这种旋翼由8片等弦长桨叶组成，是世界采用桨叶片数最多的单旋翼。

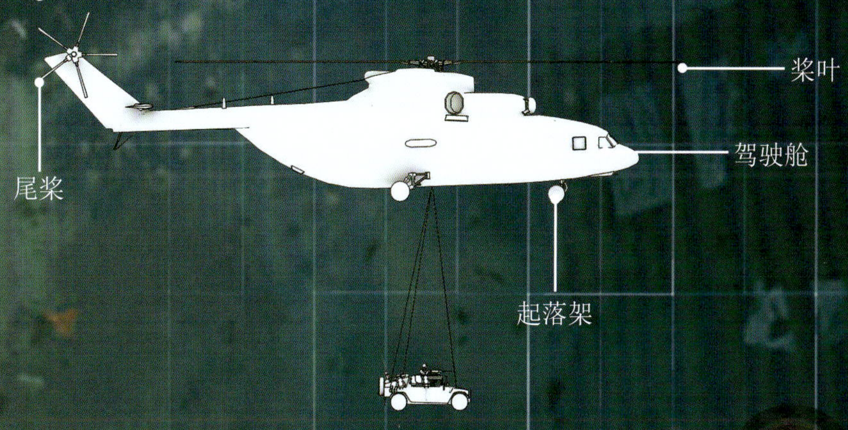


### 1 减速器

在原动机和工作机或执行机构间起匹配转速和传递转矩作用，是一种相对精密的机械，目的是降低转速。

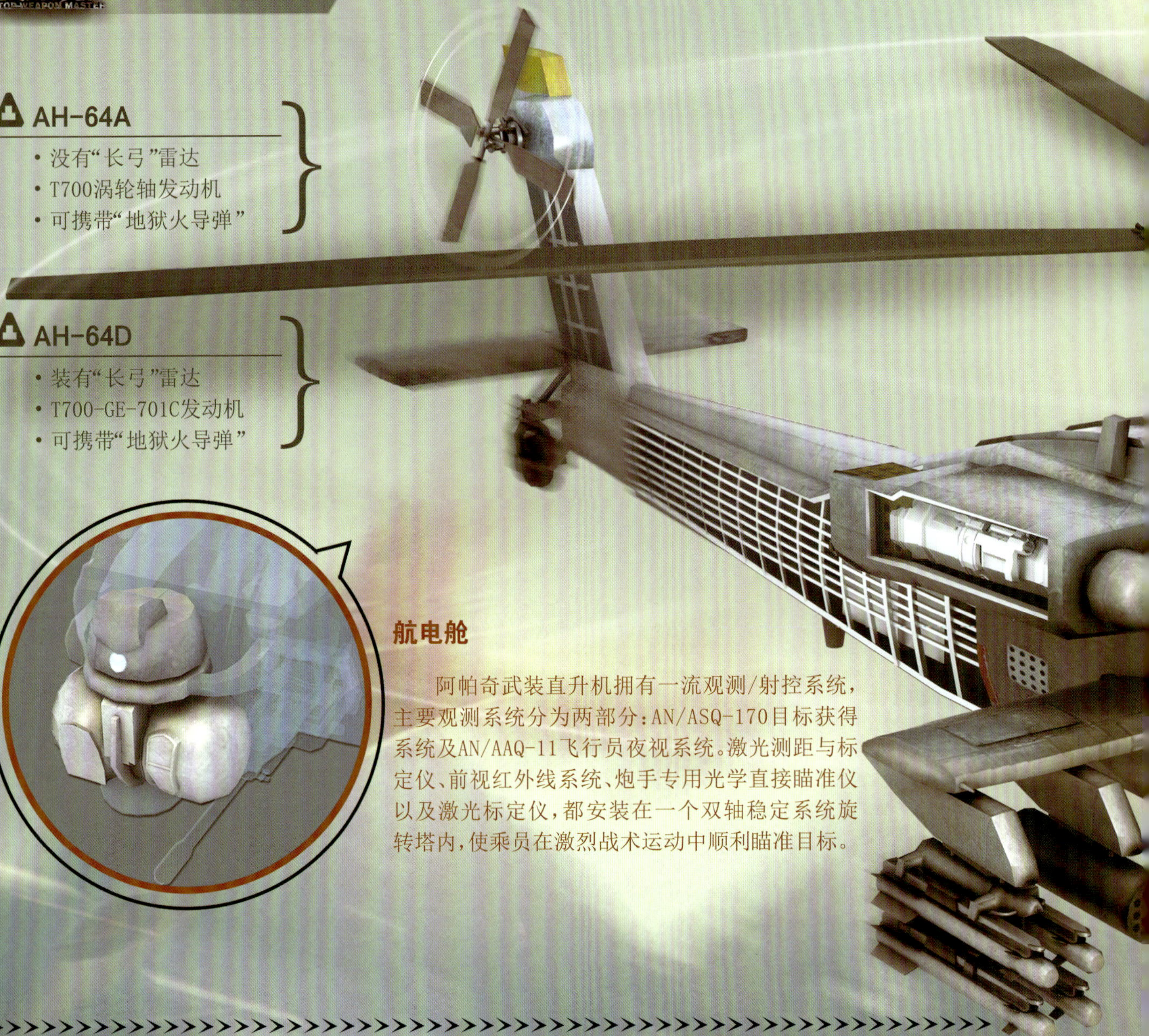


**航电舱**

阿帕奇武装直升机拥有一流观测/射控系统，主要观测系统分为两部分：AN/ASQ-170目标获得系统及AN/AAQ-11飞行员夜视系统。激光测距与标定仪、前视红外线系统、炮手专用光学直接瞄准仪以及激光标定仪，都安装在一个双轴稳定系统旋转塔内，使乘员在激烈战术运动中顺利瞄准目标。

20世纪70年代初，美国陆军开展了先进武装直升机计划，"阿帕奇"武装直升机就诞生于此计划之后，阿帕奇是从一项本来被取消的计划中复活的，这项计划就是AH-56"夏安"，该计划取消后，陆军获准展开AH-56替代计划，成果就是推出"阿帕奇"。该机以其卓越的性能、优异的实战表现，自诞生之日起，一直是世界武装直升机综合性能排行榜第一名。并成为美国陆军主力武装直升机，已被世界上13个国家和地区使用。

THE SLAUGHTER OF LONGBOW

# [长弓屠戮]

# AH-64D 阿帕奇武装直升机

LONGBOW APACHE HELICOPTER GUNSHIP IS SERVED FOR 13 COUNTRIES

## 2 驾驶舱

阿帕奇武装直升机头部为驾驶舱，为六边形，透明玻璃，前后两个驾驶座，各一名飞行员。

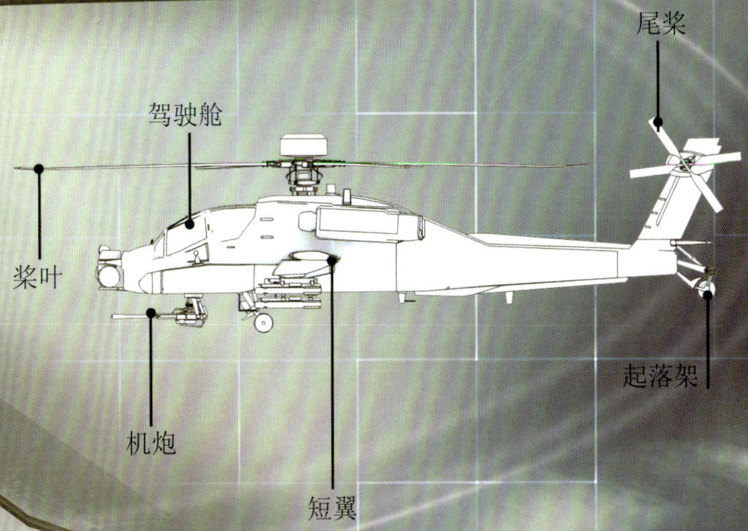

### 特殊的平板设计

“阿帕奇”的驾驶舱本身由一块很厚的透明防弹板分隔成前和后，副驾驶兼炮手位于前面，正驾驶位于后面。所有的驾驶舱玻璃都是平板设计，这种特殊形状主要是为了减少太阳光的反射，因为太阳光的反射会暴露出直升机的位置，从而被敌人发现。驾驶舱的装甲结构可以承受23毫米高爆弹的直接命中。

## 1 黑盒子

航电仪器和其他“黑盒子”都装置在前机身两侧的减阻装置里，这些装置就成了台阶，供人员踏着爬上驾驶舱。

### 3 武器舱

有两个12.8米长的武器舱，武器舱内的旋转发射架可各带6枚Kh55MS涡扇动力巡航导弹。

### 美国B-1轰炸机

- 航程12 000千米
- 结构与作战方式类似
- 电子技术和隐身方面稍强

### 苏联Tu-160轰炸机

- 航程5500千米
- 结构与作战方式类似
- 电子技术和隐身方面差

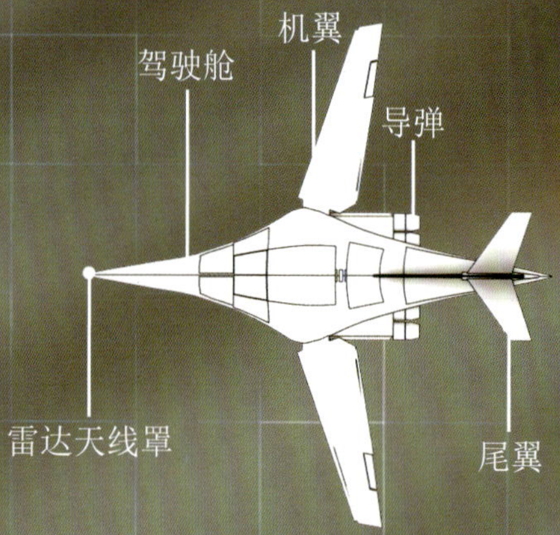


### 1 减速伞

锥形整流罩内装减速伞，是用来减小飞机着陆时滑跑速度的伞状工具，通常由主伞、引导伞和伞袋等组成。

### 2 旋转发射架

后舱两个旋转发射架可带4枚短距攻击导弹，射程200千米，能带250千克的常规战斗部和40吨炸弹。

FIRE FROM THE HELL

# [地狱业火] Tu-160轰炸机

THE RUSSIAN AIR FORCE POSSESSES 16 TU-160 BOMBERS

苏联于70年代开始设计变后掠翼重型超音速战略轰炸机。图(以下简称Tu)-160轰炸机是苏联图波列夫设计局研制的可变后掠翼超音速远程战略轰炸机，北约代号为“海盗旗”，用于替换Tu-22M逆火战略轰炸机和Tu-95轰炸机执行战略轰炸任务。它于1981年12月18日首飞，是苏联有史以来制造的最重的轰炸机。

## 弹仓设计

Tu-160有两个弹舱，每一个弹舱都能够携带20吨自由落体式炸弹，Tu-160就能够携带FAB-250炸弹176枚，比B-29超级堡垒轰炸机多4倍，即使B-1B轰炸机愿意牺牲操控与隐身性能加上外挂武器，Tu-160也加上外挂弹药的话，还是比B-1B多携载39%的炸弹。所以说目前全世界最大的重轰炸机宝座非属Tu-160不可。

## 变后掠翼的机翼

要同时满足飞机对超音速飞行、亚音速巡航和短距起降的要求，最好是让机翼变后掠。一般变后掠翼内翼段是固定的，外翼同内翼用铰链轴连接，通过液压助力器操纵外翼前后转动，以改变外翼段的后掠角和整个机翼的展弦比。Tu-160就是后掠翼的轰炸机。通过机翼后掠角变化，使飞机在低速和高速飞行中获得理想升力。

回

### 黑鹰坠落

1993年美国政府决定派兵到索马里首都摩加迪沙协助提供大饥荒下的援助物资，以及捉拿索马里军事政府的两名高级将领。不料遭到当地军队的偷袭，竟演变成一场长达15小时的困兽之斗。两架运送美军的“黑鹰”直升机被击落，第一架坠落飞机的驾驶员死亡，机工长重伤；另一架的驾驶员落入敌人之手，最终通过谈判救出。

**H-60A“黑鹰”直升机(原型)**

- 最大起飞重量10.215吨
- 最大时速357千米每小时
- 主要配备AGM-119企鹅反舰导弹

**MH-60G“铺路鹰”(改进型)**

- 最大起飞重量11.113吨
- 最大时速361千米每小时
- 主要配备“海尔法”导弹

1972年8月，西科斯基公司的YUH-60A击败波音YUH-61A，获得了UTTAS计划的订单，1976年YUH-60A获得“黑鹰”的名称。之后西科斯基公司开始研制美国的H-60系列“黑鹰”中型多用途直升机。“黑鹰”能按任务需要携带不同设备，能胜任的任务包括运输、渗透、反潜、救援、电子战以及和平用途。由于伊拉克与阿富汗战争对“黑鹰”机队的损耗较大，美军2007年再次定购了大量“黑鹰”系列直升机。“黑鹰”直升机的实用性已经越来越备受青睐。

THE BLACKE HAWK IS FALLING DOWN

# [黑鹰坠落] H-60 黑鹰直升机

H-60 MEDIUM-SIZED HELICOPTER IS ESPECIALLY PRACTICAL

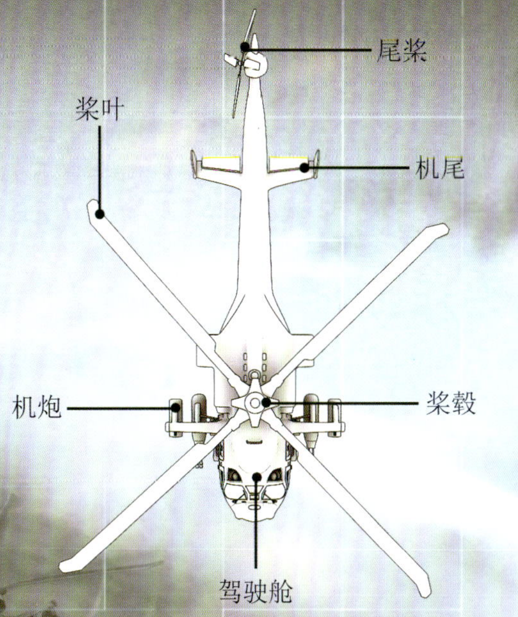


## 2 桨叶

为了避免前行桨叶在巡航飞行时产生气流分离，桨叶中段翼面的前缘下垂，后缘有调整片。

## 1 座舱罩

座舱罩使用玻璃纤维等复合材料，使用复合材料能让透明舱罩更坚固，有效防止了飞行中一些鸟类的撞击。

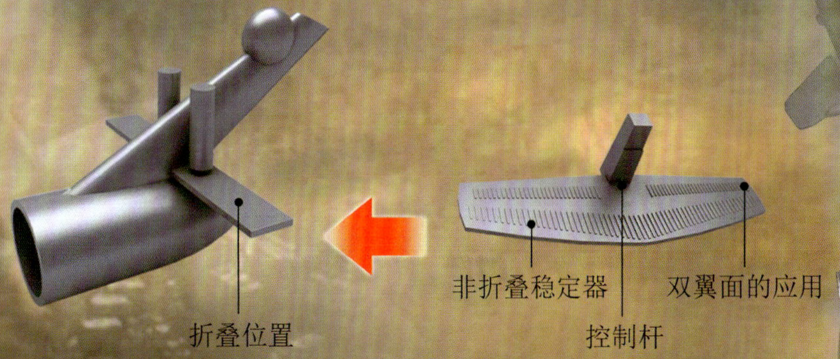

## 可折叠平尾

虽然尾桨和S-70“黑鹰”一样，都是安装在尾斜梁右侧，但并不是“黑鹰”那种带倾斜角的布置，而是采用通常的垂直水平面的安放。“黑鹰”平尾翼型接近对称面，安放在尾斜梁的下端并且可以大角度全动，平尾有两套电驱动装置和一套人工操纵的备用装置。尾梁可迅速从尾斜梁前面向右折叠，以便运输和停放。

**超临界主翼**

AV-8B采用的超临界主翼比AV-8A的主翼厚，翼展增加了20%，后掠角减少了10%，面积增加了14.5%，每边也各增加了一个挂架，导致AV-8B的飞行速度逊于AV-8A，但是在升力上的表现却比AV-8A更加优异。主翼加厚的好处之一是可以提燃油的内容量，相当于增加了飞行30分钟的油料。

**风光的 AV-8B**

AV-8作为垂直短距起落攻击机，在很多影视作品都有出现。AV-8攻击机AV-8B在电影《真实的谎言》中是主角前往恐怖分子占据的大楼顶层营救被绑架的女儿的座驾，面对恐怖分子，狂扫一通，出尽风头。

**AV-8A(型号之一)**

- 布局与基本类似
- 没有前缘边条
- 没有升力改进装置

**AV-8B(型号之一)**

- 布局与基本类似
- 有前缘边条
- 安装升力改进装置

AV-8并非美国自行研发的机种，而是现役中从外国取得生产权的武器系统。AV-8的原始设计来自英国霍克西德利鹞式战斗机，在美国的编号为AV-8A，用作近距离空中支援和侦察。鉴于AV-8A的性能不能完全满足美国海军陆战队的需要，尤其是在载弹量上，负责生产的麦道飞机公司对其加以改良，将6架AV-8A改为AV-8B并投入量产。AV-8B取代了美国海军陆战队的A-4"天鹰"攻击机，使得美国海军陆战队拥有了自己的第一种空中近距支援机种。

HARRIER THRONS

# [鹞式荆棘] AV-8 战斗攻击机

AV-8 FIGHTER ATTACKER WAS NOT INVENTED BY AMERICA ALONE

## 1 机翼

机体结构上采用碳纤维复合材料制造机翼、机身部件及尾翼，超临界翼型，加大了机翼后缘襟翼和下倾副翼。

## 2 进气道

重新设计发动机进气道，垂直起飞和短距起飞时发动机推力得到加大，巡航飞行的效率提高。

THE CHINESE "FLYING LEOPARD"

# [神州飞豹] JH-7 轰炸机

JH-7 BOMBER IS THE FORTH GENERATION OF RUSSIAN FIGHTER

在对越自卫反击战中，我国暴露出缺乏海军航空兵空中支援的严重问题。虽然我国空军主要作战任务以国土防空为主，不过考虑对地面、海面战场的支援，空军对于对地攻击能力也比较重视。为此，我国于20世纪80年代开始自行设计研制了一款名为“歼轰-7”的轰炸机( 以下简称歼轰-7 )战役纵深攻击以及海上和地面目标攻击，可进行超音速飞行，属苏系四代战斗机。

**歼轰-7(原型)**

- 主要用户中国
- 斯贝MK-202发动机
- 载弹量5吨

**歼轰-7A(改进型)**

- 主要用户中国
- AL-31SM发动机
- 载弹量10吨

### 机体构造

其结构特点是长桁数量多，桁条结构强，机身后段共有8个主隔框和5个辅助隔框，机身后段开口较少，大多数长桁是连续贯穿整个后机身的。尾喷管采用了引射式收敛喷管，机尾罩分为两段安装在隔框上，前段由铝合金板材制成，后段由高温合金钢板材制成，将发动机喷管完全包住形成固定外罩的引射器。

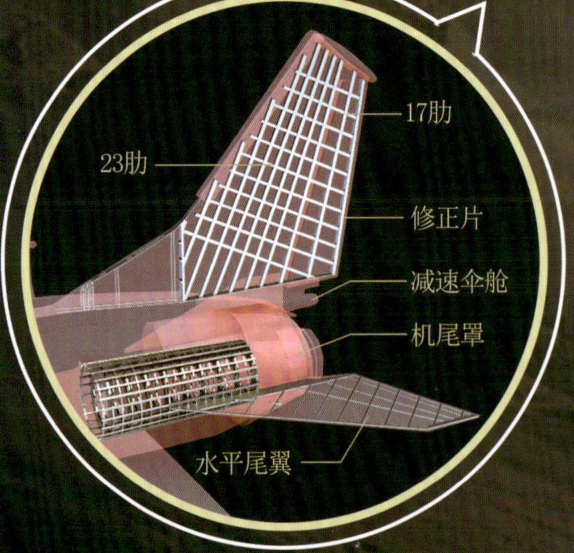

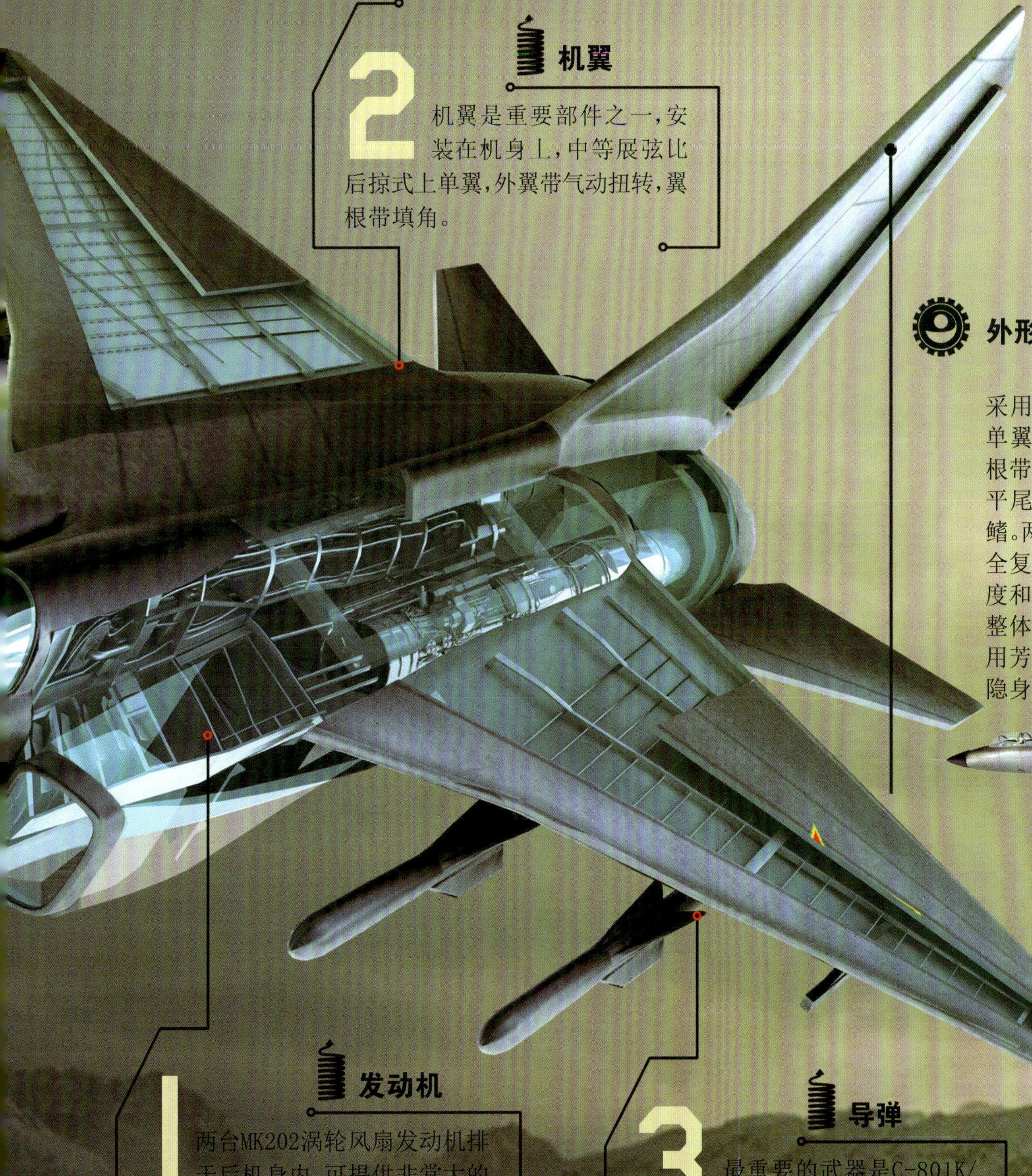

## 2 机翼

机翼是重要部件之一，安装在机身上，中等展弦比后掠式上单翼，外翼带气动扭转，翼根带填角。

## 外形特点

歼轰-7采用常规布局。采用中等展弦比后掠式上单翼，外翼带气动扭转，翼根带填角。斜定轴全动中下平尾，大后掠单垂尾，单腹鳍。两侧进气，蜂腰形机身。全复合材料平尾，减重及强度和寿命性提高一倍。改用整体圆弧风挡，垂尾前缘改用芳纶复合材料，局部涂敷隐身涂料。

## 1 发动机

两台MK202涡轮风扇发动机排于后机身内，可提供非常大的推力，但存在低速性差等问题。

## 3 导弹

最重要的武器是C-801K/803反舰导弹，最多可带4枚；两个翼尖挂架可挂霹雳-5近距空导弹。

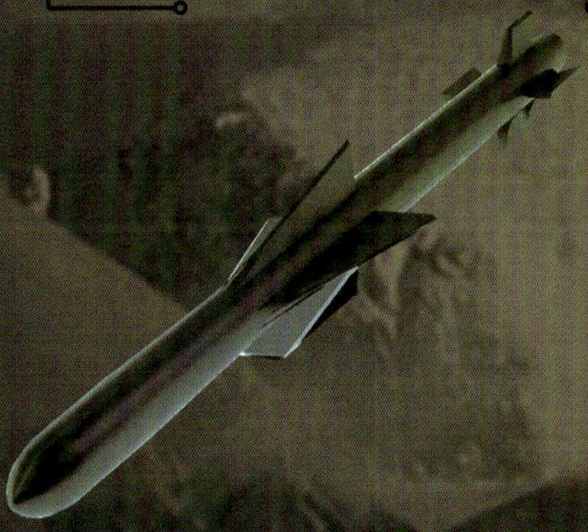

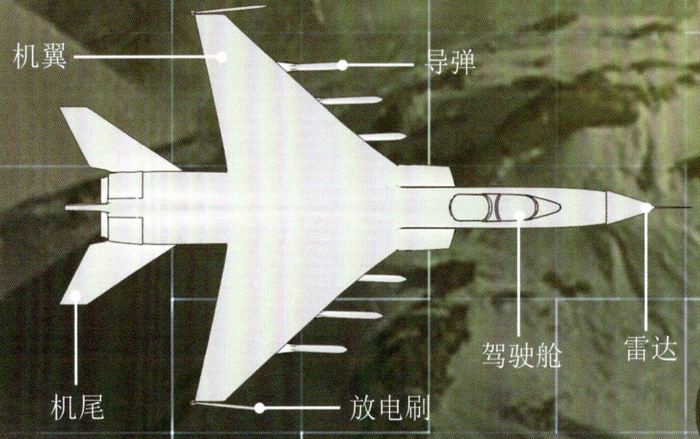

回

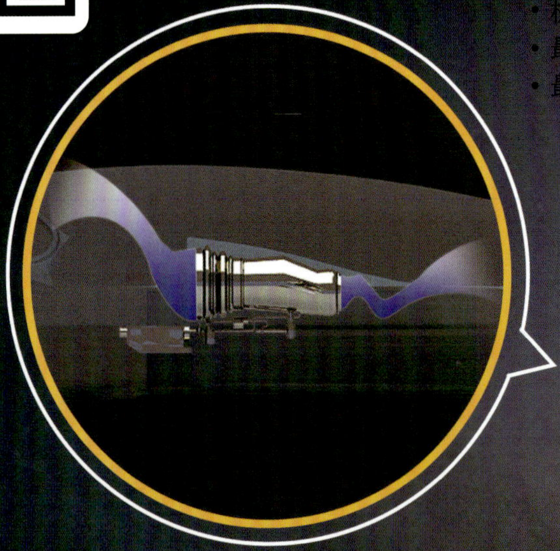

采用简单的进气口

B-2A舱内安装了4台GE F118-110非加力涡扇发动机。由于肥厚的飞翼结构，B-2可以把发动机深深地埋在飞翼内，飞翼的上表面扁平进气口和弯曲进气道可保证机载雷达无法从上方直接照射到发动机的正面，从下方就更不可能了。这样B-2可以采用较简单的进气口，只需要在唇部作尖齿修形就没有问题了。

B-2(原型)

- 机长21米
- 最大起飞重量152.2吨
- 最大燃油量75.75吨

B-2A(发展型)

- 机长21米
- 最大载弹量22.68吨
- 最远航程可达1.2万千米

中央机身

B-2中央机身的深度需要足以容纳座舱和弹仓，但长度却要尽量缩短以避免在高亚音速时产生过多的阻力。

1978年卡特政府秘密授权启动隐身轰炸机项目，命名为先进技术轰炸机(ATB)，这就是B-2隐身战略轰炸机(以下简称B-2)的最初名称。B-2是当今世界上唯一一种可隐身的战略轰炸机，最主要的特点是其极低的可侦测性，即俗称的隐身能力，每次执行任务的空中飞行时间一般不少于10小时，美国空军称其具有“全球到达”和“全球摧毁”能力。

RUINING THE WORLD

# [全球摧毁]B-2轰炸机

B-2 BOMBER HAS THE CAPABILITY TO DESTROY THE WOHLE WORLD

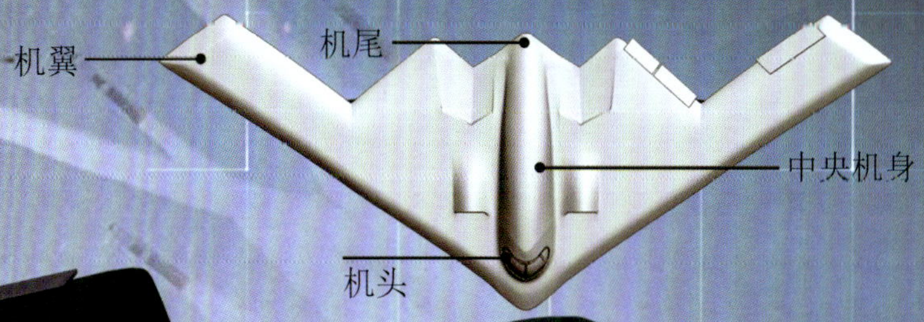

## 2 附面层

飞翼表面有附面层，水、空气或其他低黏滞性流体沿固体表面流动或固体在流体中运动时，附于固体表面的一层流体。

## 3 "海狸尾"

飞翼后缘布局最后方"海狸尾"是一整块可动控制面，用于在低空飞行时抵消因垂直阵风引起的颠簸。

## B-2与F-117的不同

两种飞机虽然都是隐形战机，却不尽相同。B-2是远程战略轰炸机，而F-117是轻型轰炸机。从性能上看，B-2更强。F-117名为战斗机，但不具备空战能力，充其量也就是一个轻型轰炸机，B-2是远程战略轰炸机。雷达反射面积F-117为0.003平方米，B-2为0.0014平方米，B-2载弹量和航程与B-52相当，远胜F-117。

### 半埋式进气道

“阵风”选用机身下两侧两个互不干扰的半埋式进气道，飞机的两台发动机能独立工作。机身下两侧进气对机场条件要求不高，可在野战机场使用，但对空中机动作战有一定的影响，例如转弯时机身两侧进气道进气量相差悬殊，从而导致飞机容易失去平衡。中机身切面是V形，可保证大迎角状态下进气流场通畅。

**阵风战斗机（欧洲战斗机）**

- 鸭式布局
- 双发单垂尾
- 半埋式进气道

**台风战斗机（欧洲战斗机）**

- 鸭式布局
- 双发单垂尾
- 机腹进气道

**1 机翼尾部**

机翼尾部腹鳍，可以减小垂尾面积，减轻飞机重量，增强飞机横向安定性，但隐身能力会降低。

**2 电子防御系统**

是第一种拥有内在的电子防御系统的飞机，该电子防御系统有一个基于软件的、虚拟的可侦测性技术。

THE INEVITABLE HURRICANE

# [飓风披靡] RAFALE “阵风”战斗机

“RAFALE”FIGHTER WAS OFFICIALLY SERVED FOR ARMY IN 1998

20世纪70年代中期，法国空军开始考虑未来20年之内需要被取代的现役机种而提出作战飞机计划，同时法国海军也提出海军作战飞机计划来取代当时的F-8舰载战斗机。由于两个计划有许多相同需求，两军同意将两个计划合并为试验作战飞机计划，以研发后继机种。“阵风”应时代需求而生，是法国达索制造公司研发的一种三角翼多用途战斗机，1986年4月原形机首次试飞成功，1998年年末首架生产型下线并进入部队服役。

## 4 雷达

使用90年代研发的RBE-2被动电子扫描阵列雷达，是西欧唯一使用这种雷达设计的战斗机。

## 使用 RBE-2 雷达

2012年RBE2雷达开始逐步被RBE-2-AA主动电子扫描阵列雷达(AESA雷达)所取代，新雷达于2004年7月开始研发，已于2010年8月交给法国军方，这一款新雷达也开放给外销客户。新的雷达据称能改善探测距离，追踪能力，可靠性，低雷达截面积目标截获能力，并且能够提供分辨率高至小于1米的合成孔径雷达图像。

## 3 座舱舱盖

座舱舱盖由左往右开，但驾驶员要从左面上机，舱盖上涂黄金涂层，用以减小座舱雷达反射面积。

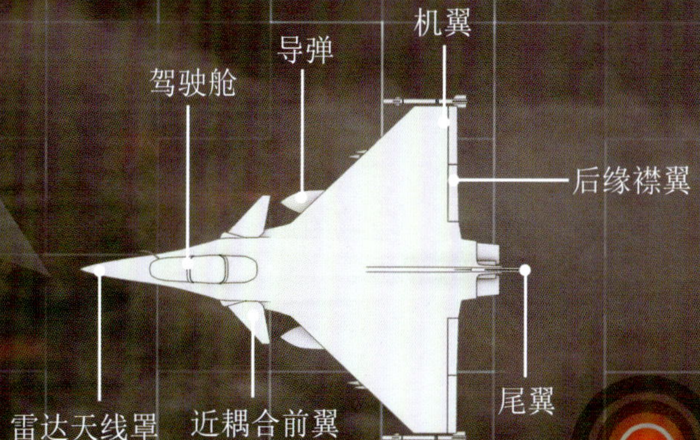

THE JAPANESE "EAGLE"

# [列岛飞鹰]F-2战斗机

F-2 FIGHTER IS WELL-KNOWN AS "ZERO FAULT" IN JAPAN

80年代中期，日本防卫厅拟自行研制一种新型战斗机以取代F-1战斗机，美国人则希望日本能够购买其已经定型生产的F-16战斗机。作为妥协的产物，日美两国于1987年11月签订协议，由日本政府出资，以美国空军的F-16战斗机为样本，共同研制一种适用于日本国土防空的新型战斗机，正式定名为F-2战机。

## F-2 的设计

F-2的设计是在第40批F-16C单座战斗机的基础上进行的，主要的改动包括：加长了机身，重新设计了雷达罩，集成了先进的电子设备；加长了座舱，增加了机翼面积并采用了单块复合材料结构；机翼前缘采用了雷达吸波材料，在机身和尾部应用了先进的复合材料和先进的结构技术，加装了阻力伞。

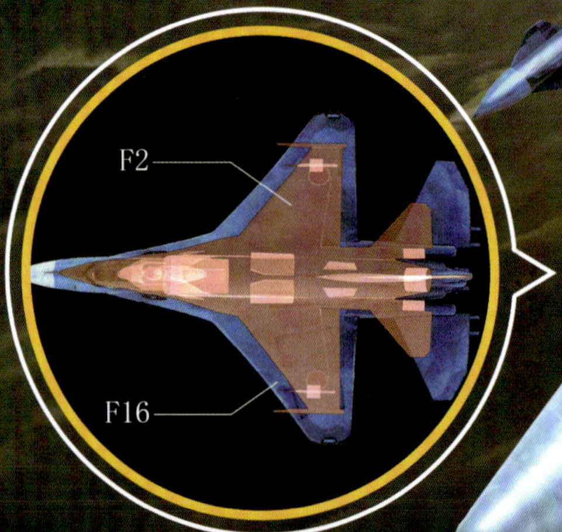


### 风挡玻璃

考虑到日本岛国的特殊环境，座舱采用两片式强型风挡玻璃，其抗鸟撞性能要比F-16采用的单片式好得多。

**F-2(单座原型机)**

- 翼展11.13米
- 机高4.96米
- 最大燃油量4.75吨

**F-2A(单座战机版)**

- 翼展10.8米
- 机高4.86米
- 最大燃油量3.6吨

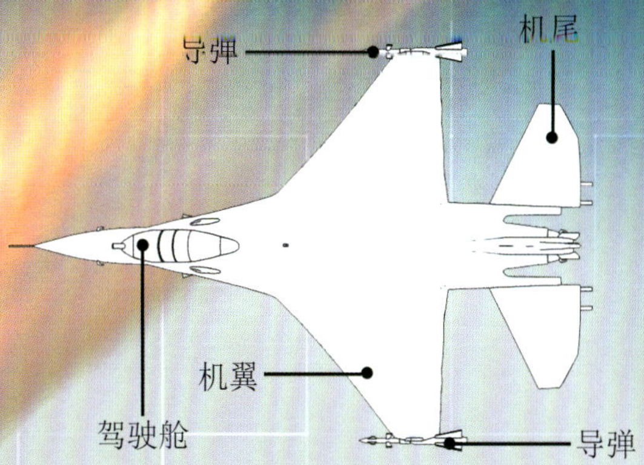


## 2 导弹

尽管以海战为主，但空战能力也不弱，装备了先进的空空导弹，有较好的近距格斗性能和超视距作战能力。

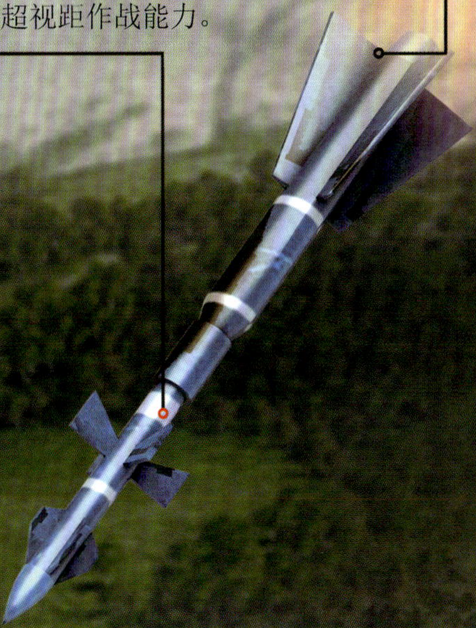

## 座舱设计

F-2有框式座舱也采用了许多新技术，在座舱里采用的是两三个CRT多功能显示器。它们安装在座舱的正中间，平显仪在上部，显示器在下部，这样平显仪的支座正好为LCD显示器起到了遮光罩的作用。座舱采用两片式风挡玻璃，抗鸟撞能力强，这也是基于日本岛国的特殊环境而采取的一项措施。

### 全球广播系统

图像信号传到地面站后，可转送全球各地指挥部门，也可通过一个标准的全球广播系统发送给指挥用户。

### 捕食者(美国无人机)

- 长度8.22米
- 空重512千克
- 最高速度135千米每小时

### RQ-4A全球鹰(美国无人机)

- 长度13.5米
- 空重3850千克
- 最高时速650千米每小时

### 出战实录

2011年9月，美国空军国民警卫队表示尽管存在预算削减的困难，他们仍将继续操作空军的“捕食者”攻击无人机。国民警卫队已经将部分使用F-16战斗机的中队改为使用攻击无人机，并部署到了伊拉克和阿富汗。此外，捕食者1996年参加了波斯尼亚维和，在科索沃捕食者出动了50余架次。

美国的武器装备总是走在时代的前沿，2002年3月美空军正式组建了第一个武装型“捕食者”无人机中队。该部队计划装备20架武装型“捕食者”，并于2005年达到全部作战能力。它可以扮演侦察角色、可发射两枚AGM-114地狱火飞弹、可以在粗略准备的地面上起飞升空，起飞过程由遥控飞行员进行视距内控制。美国2004年采购了16架“捕食者”，价值2.1亿美元，足以见得捕食者的实用价值。

AUTOMOBILE HUNTING

# [无人捕杀] PREDATOR 捕食者无人机

THE PREDATOR DRONES CAN LAUNCH TWO HELLFIRE MISSILES AGM-114

CHINESE FLOURISHING TIME

# [龙腾盛世] DRAGON 中国翔龙无人机

CHINESE XIANGLONG UAV WAS INVENTED BY CHINESE ALONE

20世纪80年代，中国开始使用无人机，最初主要作为防空系统靶机和干扰诱饵。1986年，国家级重大科技发展规划“863计划”中正式将无人机列为重点开发计划之一。2011年6月28日，“翔龙”无人机原型机出现在成飞跑道上，首次露出神秘面容。“翔龙”是中国自主研发设计的一种大型无人机，主要用于执行海上巡逻任务，在不远的将来，“翔龙”将会成为中国的“全球鹰”和“掠食者”的集大成者。

## 1 雷达

雷达采用复合材料和吸波材料，RCS估计在1平方米左右，缩短远程监视雷达和高空防御系统的发现距离。

## 2 翼展

翼展指机翼左右翼尖间的直线距离，是机翼的一个重要参数，翔龙无人机的翼展又细又长，达到24.86米。

### 完美的连翼布局

“翔龙”采用罕见的连翼布局，该机具有前翼、后翼两对机翼，并且前后翼相连形成一个菱形框架。前翼翼根与前机身相连，向后掠并带翼梢小翼；后翼翼根与垂尾上端相连，向前掠并带下反角；后翼翼尖在前翼翼展70%处与前翼呈90度连在一起。与常规飞机相比，连翼飞机具有结构结实、抗坠毁能力强、抗颤振能力好、飞行阻力小、航程远等优点。

LIGHTING SPEED

# [风驰电掣] EF-2000台风战斗机

TYPHOON FIGHTER IS ONE OF THE EUROPEAN "MITSUO"

1986年，由欧洲数家航空公司组成了欧洲战机公司，不久，开始研制台风战斗机。生产合约在1997年签订，校正后的机数为英国232架、德国180架、意大利121架、西班牙87架。欧洲台风战斗机是第一次由两个以上国家通过整合资源研制出的战斗机。EF-2000台风战斗机、法国达索阵风战斗机和瑞典萨博JAS-39战斗机以其优异的性能表现，并称为欧洲"三雄"。

**台风战斗机（欧洲战机）**

- 多用途战机
- 服役于2003年
- 长度15.96米

**JAS 39战斗机（欧洲战机）**

- 多用途战斗机
- 服役于1996年
- 长度14.1米

**驾驶杆**

驾驶员操纵飞机升降舵和副翼的控制杆（或盘），装在驾驶员座位正前方，通过操纵驾驶杆使飞机平稳飞行。

**安装"打击者"头盔**

飞行员还配备英国宇航公司"打击者"头盔安装显示系统。借助遍布飞机的摄影机，头盔内的传感器用于判断飞行员的眼睛正盯住哪一区域。通过飞机内摄像机配合，这一系统能将飞机外的影像。进而达到"看穿"飞机和锁定目标的目的。对飞行员来说这款头盔无疑是一个作战利器。

## 3 机翼

整个飞机操纵面有机翼前缘的两段式自动缝翼，机翼后缘内侧襟翼和外侧襟副翼，机翼前是全动式鸭翼。

## 2 炮弹

机腹下面装有炮弹，其中外侧是两个形状较小的炮弹，内侧是形状较大的炮弹，并具隐身效果。

## 语音操纵杆系统

台风战斗机有许多先进的系统。飞行员控制系统具有特色的是采用语音控制操纵杆系统（VTAS），直接的声音输入允许飞行员使用声音命令实现模态选择和数据登录程序，这也是世界上第一种语音操控系统，覆盖传感器、武器控制、防卫帮助管理和飞行中的操纵，提供24个原来需要指尖控制的指令。

EAGLE IS FLYING

# [鹰击长空] J-10 歼-10战斗机

J-10 FIGHTER JETS ARE MEDIUM-SIZED AND ALL-WEATHER PLANES

歼-10的大名如雷贯耳，该机采用大推力涡扇发动机和鸭式气动布局，是中型、多功能、超音速、全天候空中战斗机。歼-10中国官方命名猛龙，于1986年开始研制，1998年3月歼-10首飞成功。官方的歼-10照片在互联网络上不断曝光，但直到2006年12月29日中国国务院新闻办公室发表《2006年中国的国防》白皮书方才正式证实其存在。歼-10是中国航空工业历经多次项目失败下马后首次研制成功的可以满足中国空军需要的战机。

### 歼-10(原型)

- 最大起飞重量19.72吨
- 升限17千米
- 最大航程3900千米

### 歼-10A(单座量产型)

- 最大起飞重量18吨
- 升限18千米
- 最大航程2500千米

### 机翼

采用活动翼面技术，外翼前缘为机动襟翼，固定内翼在全动鸭翼的配合下产生绝佳的气动性能。

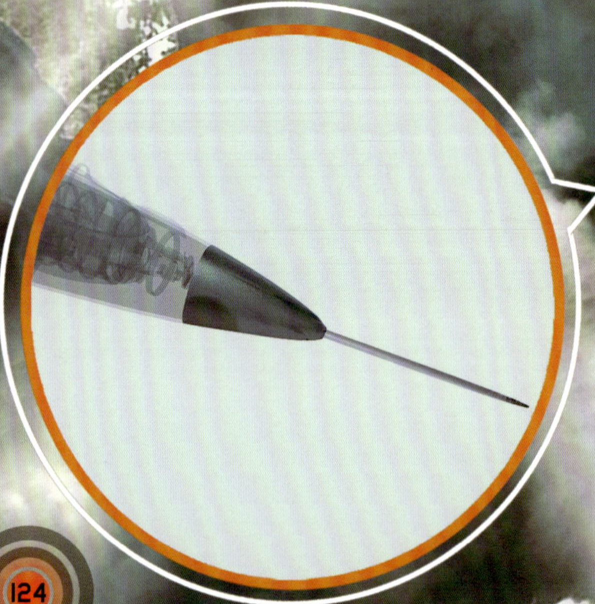

### 空速管

机头部有一根细长的空速管也叫皮托管。风向标，也叫气流方向传感器或流向角感应器，与精密电位计连接在一起，提供出一个表示相对于大气数据桁架纵轴的空气流方向的电信号。空速管测量出来的速度并非是飞机真正相对于地面的速度，而只是相对于大气的速度，所以称为空速。

## 2 减速板

设计了四片减速板，其中的两片位于机身上部主翼后方，其余两片仅位于机尾下部腹鳍之间。

歼-10的进气道位于机腹下，由调节板（位置在边界层分离板的后方）构成进气道的前部，这为发动机提供了不同飞行状态所需的气流，适合高性能空空作战。此外，可调节进气道所增加的高效整流压缩能力（在1836千米每小时为5%，在2448千米每小时为25%~30%）极大地提高了飞机超音速飞行时的发动机推力。

进气道

## 3 飞控系

为放宽静稳度设计，采用四余度线传飞行控制系统，这是中国战斗机首次采用这种当前最先进的飞行控制系统。

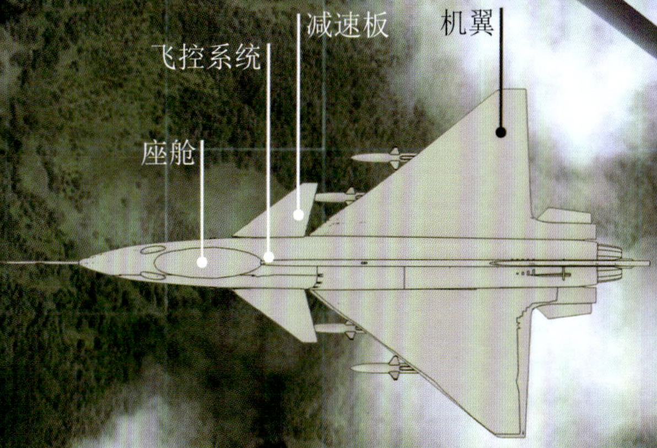

STRIKING THE SKY

# [猛禽击空] F-22战斗机

F-22 FIGHTERS WERE FORCED TO SHUT DOWN FINALLY IN 2011

F-22“猛禽”战斗机（以下简称F-22）是世界上最昂贵的机种之一同时也是最强悍的战斗机之一。F-22是目前现役的唯一一款第五代战斗机，它发展自20世纪70年代末美国的先进战术战斗机计划，于本世纪初期陆续进入美国空军服役，到2004年，共51架F-22已全部交付使用。目前联邦法律禁止出口F-22。由于金融危机，于2011年被迫停产，因此“猛禽”成为了美国史上生产周期最短的战斗机。

**AN/APG-77 雷达**

是一个用于探测目标的有源相控阵系统，通过集中式数据处理系统与其他传感器和航空电设备一起工作。

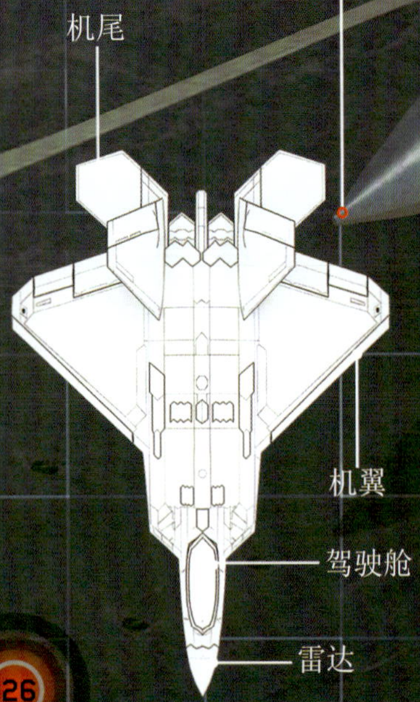


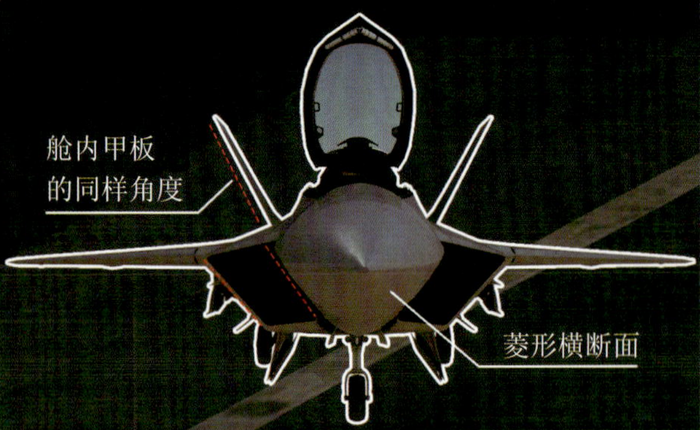


## 平行斜度设计

该机机体上广泛使用热加工塑胶，采用平行斜度机身，双垂尾双发单座布局。垂尾向外倾斜27度，恰好处于一般隐身设计的边缘。其两侧进气口装在翼前缘延伸面，与喷嘴一样，都作了抑制红外辐射的隐形设计，主翼和水平安定面采用相同的后掠角和后缘前掠角，都是小展弦比的梯形平面形。

**F-15(原型)**

- 机身曲线多，流线型机身
- 标准的垂直尾翼
- 极速是2700千米每小时

**F-22(用以取代F-15)**

- 机身线条较直
- 垂尾有一定角度向外倾斜
- 极速是2754千米每小时

### 3 机翼

机翼搭配一体化尾翼，包括彼此隔开很宽和并朝外倾斜的垂直尾翼，且水平安定面直接靠近机翼布置。

### 2 机体材料

机体上使用热加工塑胶和人造纤维的聚合复合材料；在量产机上使用复合材料的比例更将达35%。

## 武器配置

F-22是现代十大战斗机第一名，其火力强大，武器配备齐全。F-22机腹下是折叠式舱门挂弹仓，弹仓舱内有1门20毫米M61A2火神式机关炮，配有480发炮弹，空对空挂载：6枚AIM-120先进中程空对空导弹，2枚AIM-9响尾蛇导弹。空对地挂载：2枚GBU-32联合直接攻击弹药、2枚AIM-120先进中程空对空导弹、2枚AIM-9响尾蛇导弹。

为满足苏联空军要求，苏霍伊设计局在苏-27UB战斗教练机的基础上发展苏-27IB前线轰炸机，在不更改苏-27UB气动布局和结构设计的同时保留原有空战能力。以苏-27UB为基础的改型设计方案于1983年完成，1990年4月13日，苏-27IB的第一架试验样机——一架苏-27UB改装的T10V-1首飞。1994年1月6日，《消息报》发表了一篇名为《前线轰炸机苏-34》的文章，使苏-34首次被外界所知，由于其独特的外形，后北约称其为“鸭嘴兽”。

THE LARGE PLATYPUS

# [鸭嘴巨兽] SU-34 战斗轰炸机

SU-34 FIGHTER-BOMBER IS KNOWN AS ITS SPECIAL APPEARANCE

## 1 雷达

后视探测雷达，能对敌方后部进攻并向机组人员告警，探测雷达系统是一种能对空中、地面和海上目标进行定位、侦测系统。

## 3 座椅

座舱内配备两个并排喷射座椅给驾驶员和副驾驶员，战斗机的座椅非常舒适，能使飞行员更加舒心的飞行。

### 超鹰赶禽

苏-34“雷达综合瞄准系统”的核心是带无源相控阵天线的多功能雷达，天线直径约1000毫米，探测距离可达200千米~250千米。该雷达在对空作战时能在“边扫描边跟踪”状态下同时跟踪多个目标，并使用R-77或R-27AE空空导弹同时对多个目标进行打击，其总体空战效能比早期用于空战的苏-27P/S更高。

### 苏-2(原型)

- 苏霍伊公司生产
- 首次飞行：1977年5月
- 生产数量680架

### 苏-34(发展型)

- 苏霍伊公司生产
- 首次飞行：1990年4月
- 生产数量32架

## 2 起落架

采用加粗加长的尾锥和小车式主起落架，起落架是唯一一种支撑整架飞机的部件，因此它是飞机不可分缺的一部分。

苏-34外形上区别于“侧卫”家族其他成员的特点主要有独特的扁平机头、并列双座的座舱、三翼面布局、加粗加长的尾锥和小车式主起落架。该机采用了“鸭嘴”型扁平机头，能在飞机大迎角飞行时增加纵向稳定性，这种两侧带折角的扁平机头能够大大减小迎风面的雷达反射面积。

### 鸭头蛇尾

## 雷达

其配备的主动相控阵雷达是由日本独自研制，该雷达共有3块天线，分别安装在机头和前起落架舱门两侧。

## 先进的光传操纵系统

P-1反潜机采用了日本自行开发的光传操纵系统，该系统以光导纤维作为传输介质，在计算机与远距离终端（舵机）之间传输指令和反馈信息，从而实现对飞机的飞行控制。它突出的优点是有很好的抗电磁干扰性能，并且整个操纵系统的重量和体积都更小，提高了飞机的稳定性和可操纵性。

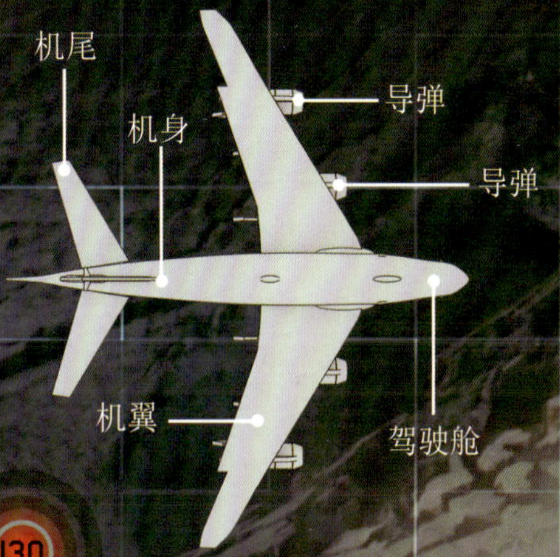

PIONEER OF ASW

# [反潜先锋] P-1反潜机

P-1 ANTI-SUBMARINE WARFARE AIRCRAFT IS DANGEROUS TO YOU

美国和日本是两个最为重视海上反潜力量建设的国家，前者是出于全球战略的需要，而后者则是为了应对所谓的东亚各国潜艇威胁，而在新一代海上反潜巡逻机的研制上，日本甚至走在了美国的前头。2009年8月初，日本川崎重工正式将一架新型的P-1反潜机交付日本防卫省，开始接受服役之前的各项性能测试。但P-1的出现却给日本周边国家带来了危险。

## 2 发动机

动力系统上，P-1装备4台F7-10涡扇发动机，单台推力60千牛，该发动机具有油耗低、噪声小的特点。

### P-3C

- 涡桨发动机
- 巡航速度620千米每小时
- 巡航高度8.8千米

### P-1(P-3C替代机型)

- 涡扇发动机
- 巡航速度超过830千米每小时
- 巡航高度13千米

## P-1 增强了日反潜能力

日本是一个岛国，并且资源缺乏，大部分重要原材料需要进口，因此海上交通线是日本的“生命线”，“二战”末期，美国对日本实行“饥饿战略”，导致日本整个经济社会濒临崩溃。近期日本首批2架量产型P-1于本月底交付给日本神奈县的厚木空军基地，这70架P-1反潜机的服役增强了日本海上自卫队的空中反潜能力。

ATTACKING JOINTLY

# [联合打击] F-35 闪电II攻击战斗机

F-35 II LIGHTING STRIKE FIGHTER AIRCRAFT IS HARD AVAILABLE

冷战结束后，美军持续缩减国防开支，连战机的开发经费也被压缩。但是美国空军的战机已经开始老化，开发新一代战机成为美国国防部的迫切需要。而且当时高性能战斗机F-22的高价格在财政上也难以承受，美国决定和其他8个盟国一起开发新型战机，以分摊成本。随即产生了“联合打击战斗机计划”及F-35闪电II攻击战斗机。该机研发耗资400亿美元，是截至2006年世界上研发投入最高的飞机。

**F-35(原型)**

- 长15.37米
- 翼展10.65米
- 高5.28米

**F-35A(空军陆上型)**

- 长15.7米
- 翼展10.7米
- 高4.33米

### 举升扇的作用

F-35闪电II攻击战斗机装有举升扇，位置在座舱后方，由主发动机提供动力，举升扇所产生的气流不仅仅负供机体前段的垂直升力，还被用作阻挡由后方主喷嘴向下喷射时从地面反弹的热气流，防止其被吸入进气口。

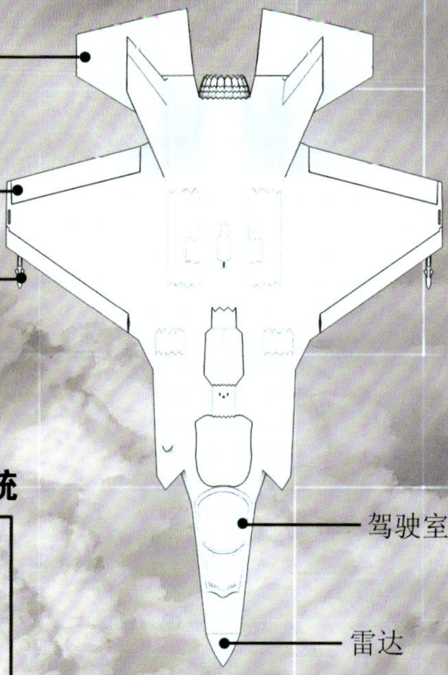


## 1 机翼

可折叠机翼和前缘翼解决了在航母上起降和停放不便的问题，飞机机翼面积的增加导致对机体本身作用力增加。

## 2 机载电子系统

机载电子系统由有源相控阵雷达、光电分布式孔径系统、综合电子战系统、光电瞄准系统等组成。

## 3 天线

电子战系统拥有专用天线，通过多个扫描单元分别向不同方向进行搜索跟踪，而天线本身是固定的，不必进行偏转。

F-35垂直起降型增加了新颖的升力风扇，其3级风扇采用超中等展弦比、前掠叶片。F-35升力风扇有自己的进气道，在飞机背部，并没有分流发动机的燃气。驱动升力风扇的动力来自低压涡轮，通过对气流做功，使其压力增大，通过一个喷管将压力能转变为动能向下喷出，产生反冲推力。

升力风扇

DIGESTING

# [融会贯通] T-50战斗机

T-50 FIGHTER IS A HIGH-PERFORM ANMULTI-PURPOSE AIRCRAFT

20世纪80年代末，苏联开始研发新一代战机，用以取代当时的主力机种米格-29和苏-27，当时的发展计划衍生出了苏-47和米格1.44两种机型。2002年，苏霍伊公司获选主导“未来战术空军战斗复合体”（PAK FA）的发展，融合苏-47和米格1.44的技术，制造出了T-50原型机。T-50战斗机是一款由俄罗斯联邦联合航空制造公司旗下苏霍伊航空集团主导、在“未来战术空军战斗复合体”计划下开发、生产的高性能多用途战机。

**T-50**

- 机长22米
- 空重17.5吨
- 实用升限18千米

**苏-27**

- 机长22米
- 空重17.45吨
- 实用升限18千米

**机炮**

能携带10吨各式武器，其中包括一台30毫米GSh-30-1航空机炮、不同类型和射程的导弹以及航空制导炸弹。

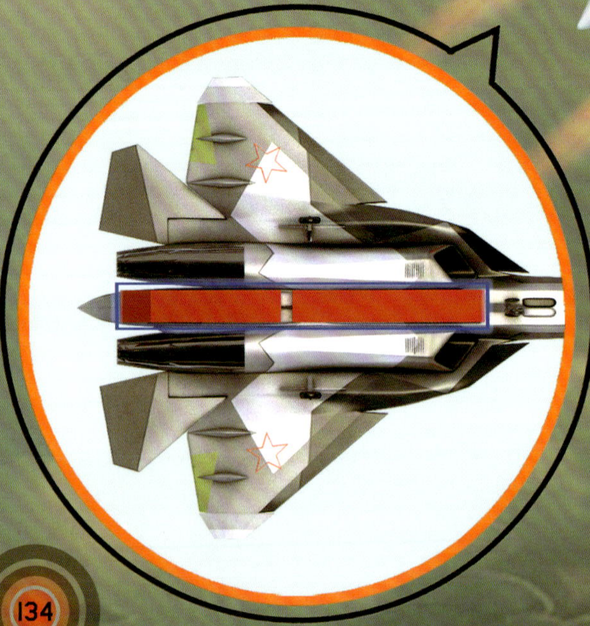

**大型的武器舱**

T-50拥有至少两个大型武器舱，采用内置方式，这样设计是为了增强隐身效果，主要用于装载超大、大型和中型空空导弹，整个武器舱室几乎是飞机容量的1/3，如执行战斗任务不需隐身时，T-50可外挂智能炸弹及导弹。该机不加油情况下续航力不少于3600千米~4000千米。

## 2 机翼

由于其机翼载荷要低于美国的第四代战机F-22“猛禽”，气动布局独特、机身本身可产生升力。

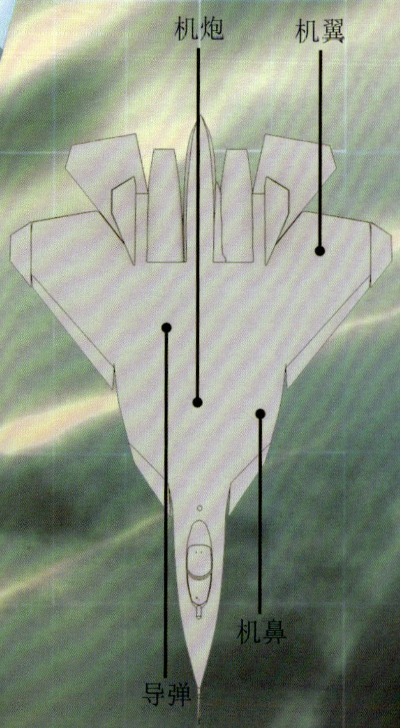


## 3 机鼻

机鼻主要起气体整流作用，使流经机体的气流平滑，不至于形成湍流，机鼻雷达罩在前部稍微变平，底边为水平。

T-50战斗机采用两个外倾垂尾，位置布置比较靠前，翼根弦长有接近一半与机翼根部重合，垂尾根部在发动机舱外侧，外倾角度大约在27度到29度，这样设计主要是为了大迎角状态下垂尾的使用效率，在大迎角时边条产生的涡流带来的稳定的强气流会对垂尾形成有利干扰，减小机身屏蔽，使飞机有较好的大迎角飞行的稳定性和可控制性。

外倾的垂尾

回

**歼-20(隐形战斗机)**

- 有腹鳍
- 固定垂尾
- AIM-9响尾蛇导弹

**F-22(隐形战斗机)**

- 没有腹鳍
- 全动垂尾
- 远程空对空霹雳-21导弹

## 扰流板

该机配置扰流板，即空气流动的速度与压力成反比。也就是空气流速越快，压力越小，空气流速越慢压力越大。作用是辅助操纵系统提供起飞、着陆的增升动力的增加在地面或飞行中的气动阻力，改善飞机的操纵性能。主要包括扰流板与减速板系统、水平安定面配平操纵系统及后缘襟翼、前缘增升装置等组成。

为接替歼-10、歼-11等第三代空中优势/多用途歼击机的未来重型歼击机型号，成都飞机工业集团为中国人民解放军研制了最新第五代双发重型隐形战斗机——中国歼-20隐形战机，简称歼-20，绰号“威龙”，北约代号“炎齿”，该机将担负我军未来对空、对海的主权维护任务。首架原型机于2011年1月11日在成都实现首飞，引起国内外媒体热议。预计歼-20将于2017年至2019年间投入服役。

# [烈焰獠牙] J-20 隐形战斗机

FIRING

J-20 CARRYS OUT AIR AND SEA SOVEREIGN MAINTENANCE TASKS

## 1 腹鳍

比较引人注目的是那一对腹鳍，腹鳍是后机身投影面积的一部分，作用是为了降低过高的垂尾。

## 2 垂尾

全动垂尾变被动的自然稳定为用主动控制达到方向稳定，好处是可以用较小的垂尾，重量和阻力都较小。

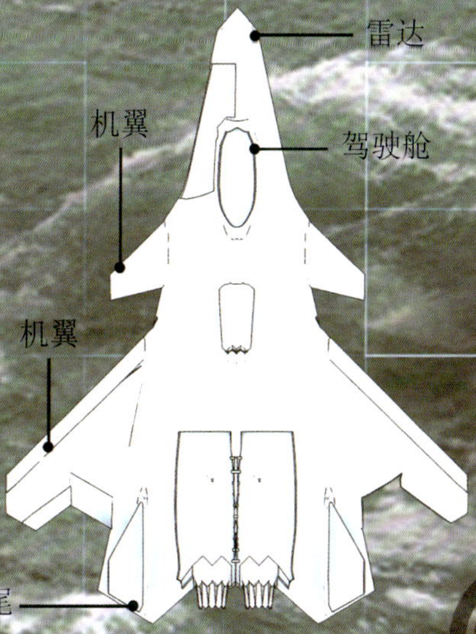


## 发动机

使用从俄罗斯进口的AL-31FN cep3发动机，这款发动机的性能参数类似于99M1发动机，该型发动机具备FADEC系统，让歼-20战斗机首次实现了飞火推一体飞控。据悉，由于涡扇-15发动机研制进度严重落后，这种发动机还没有进行高空台试飞，已基本不可能装备首批量产型歼-20战机。

### 机身内的弹舱

为追求隐身性能，必须尽可能减少飞机外表面的各种突出，而外挂的武器弹药和副油箱就是外表面最强烈的反射源。所以歼-31，将常用的武器都放入机身弹舱内，这样就增大了机身内部体积造成空重的大幅度上升，还使得机身变宽变厚加大阻力。

**F-35(隐形战斗机)**

- 实用升限18.3千米
- 机长15.67米
- 机高4.33米

**歼-31(隐形战斗机)**

- 实用升限18千米
- 机长16.9米
- 机高4.8米

## 粽子机的产生

2012年9月16日凌晨1时30分，在网络上有照片曝光，显示歼-31首架原型机编号为31001。该飞机在同年的端午节在公路收费站上被拍摄到，当时飞机的主体外壳被安置在卡车上进行陆运，以迷彩布严密包裹，故此被大陆军事爱好者昵称为“粽子机”。有消息称，歼-31的官方正式绰号将会是“鹘鹰”。

GYRFALCON HERMIT

# [鹘鹰隐士] J-31 鹘鹰战斗机

J-31 "GYRFALCON"IS THE FIFTH GENERATION OF STEALTH FIGHTER

2012年10月31日上午，一款中型隐身战斗机成功首飞，这使得中国成为世界第二个同时试飞两种五代机原型机的国家，此前只有美国同时研制了F-22和F-35两种五代机。这款战机就是代号“鹘鹰”的歼-31。歼-31定位将是类似美国空军F-35闪电II攻击战斗机，与重型战机形成高低搭配。有报告认为F60其实是歼-31的出口版本。也有媒体认为这标志着中国超越俄罗斯，成为继美国后，第二个同时具有研究及制造第五代隐形战机能力的国家。

### 1 雷达

战斗机进行空战的时候要靠雷达来发现并锁定对方，还会装备雷达告警器，在机身前后左右，有雷达照射，会报警。

### 2 尾翼

菱形垂直尾翼设计与美国空军现役最先进的隐形战机F-22猛禽战斗机相似，外形则比较歼-20小。

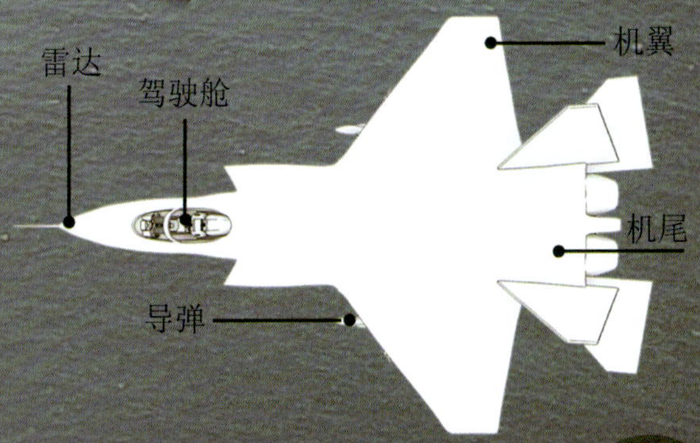

### Falken战机(科幻飞机)

- 有全息座舱
- 隐身设计
- 可变后掠翼

### VF-5000战机(科幻飞机)

- 轻型空优可变战斗机
- 以防御目的为主
- 四具飞弹发射器设置在四肢上

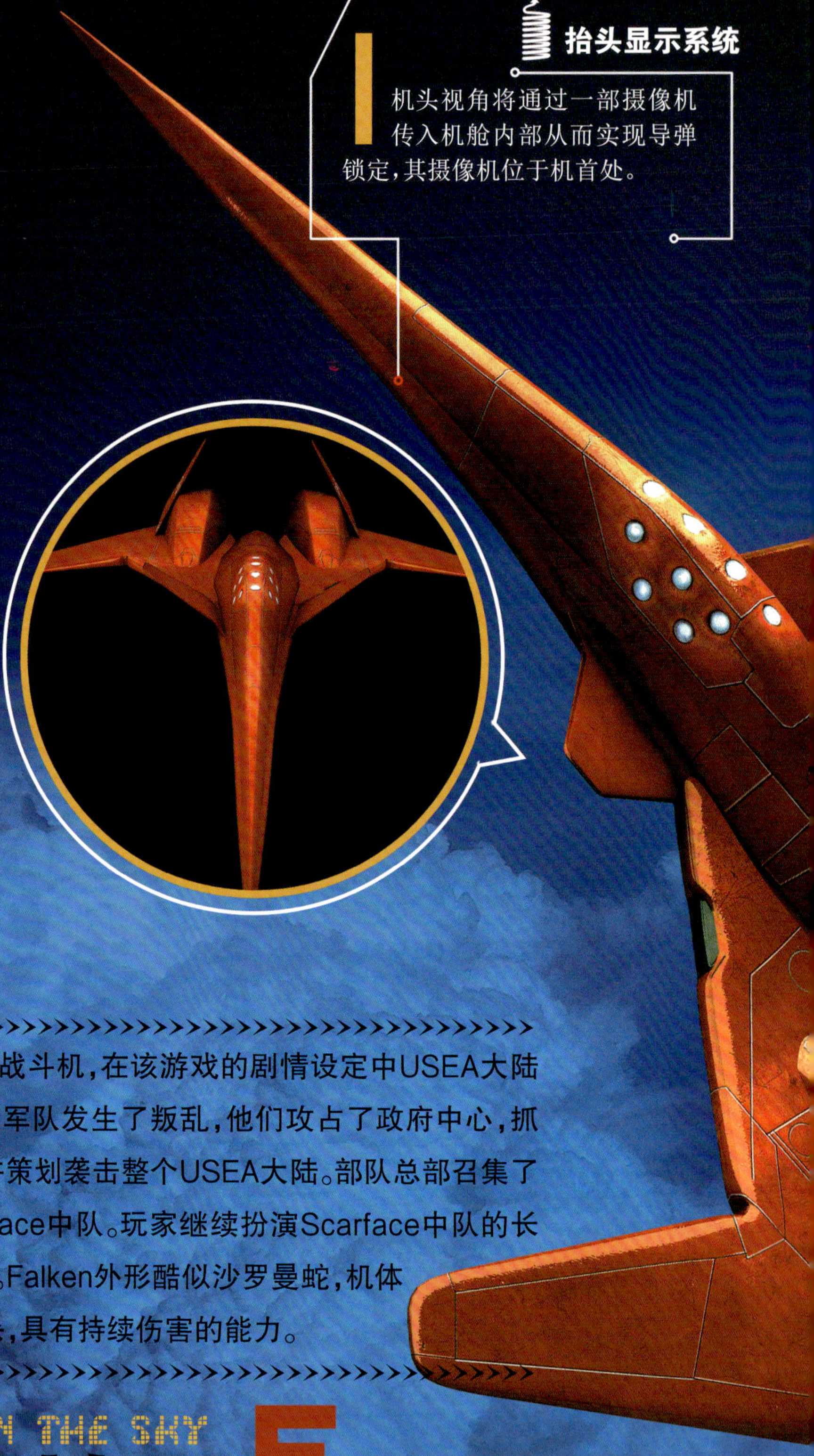

### 抬头显示系统

机头视角将通过一部摄像机传入机舱内部从而实现导弹锁定，其摄像机位于机首处。

### 隐身设计

该机采用隐身设计，从驾驶舱外部的棱角设计可认定。为提高战机在低速格斗时的机动性该机使用了前略翼式设计。在尾翼方面该机采用压式布局前置水平尾翼，同时采用与水平方向30度夹角设计。垂直尾翼采用同样角度偏折，两者的设计一方面保证了高速状态下的低风阻系数，另一方面保证了整机的隐身效果。

Falken是出现在虚拟空战游戏中的战斗机，在该游戏的剧情设定中USEA大陆东北的North Point编号为NA-P2700的军队发生了叛乱，他们攻占了政府中心，抓住了在政府中心举行会议的各国首脑，并策划袭击整个USEA大陆。部队总部召集了前作中的雇佣兵的战术打击力量：Scarface中队。玩家继续扮演Scarface中队的长机飞行员Scarface1，与NA-P2700对抗。Falken外形酷似沙罗曼蛇，机体本身的性能非常出众，其武器属激光射杀，具有持续伤害的能力。

THE ACE IN THE SKY

# [皇牌空战] FALKEN 福肯战斗机

FALKEN USUALLY TURNS UP IN THE VIRTUAL AIR COMBAT GAME

## 2 激化器

由于Falken战机体积有限故其激化器采用裸露设计，由激光发生器充电器部件组成，激光非常复杂。

## 3 导弹外置配置

Falken采用常规导弹外置配置，该配置集合了全机的战斗实力，该装置为中空激光发生器。

### 摧毁最顽强军舰

1944年11月12日，英国皇家空军完成了第二次世界大战中最为成功的精确轰炸任务。来自第9轰炸机中队和第617轰炸机中队的29架兰开斯特式轰炸机击沉了德国“提尔皮茨海军上将”号战列舰。德国海军此前吹嘘“提尔皮茨”号是“不沉之舰”。帝国空军参谋长阿奇博尔德·辛克莱爵士说道，皇家空军击沉了“世界上最顽强的军舰”。

#### 中单机翼

采用常规布局的“兰开斯特”飞机具有一副长长的梯形悬臂中单机翼，四台发动机均安置在这相对较厚的机翼上。

1940年，双发动机的“曼彻斯特”轰炸机发动机故障频繁，迫使英国皇家空军改装一种装有4台“梅林”发动机的新型机进行替代。谁都没有料到，这款新改良的飞机日后成为了一代名机。该机作为二战时英国最大的战略轰炸机，以夜间空袭为主要作战手段，几乎包揽了全部重要战役的战斗任务，作为“二战”皇家空军轰炸机主战机种，“兰开斯特”累计出击156 192架次，雄居全英之首！为反法西斯战争胜利作出了不可估量的贡献。

THE BRITISH EAGLE

# [英国雄鹰] LANCASTER 兰开斯特轰炸机

LANCASTER BOMBER GAVE A CONTRIBUTION TO ANTI-FASCIST CAUSE

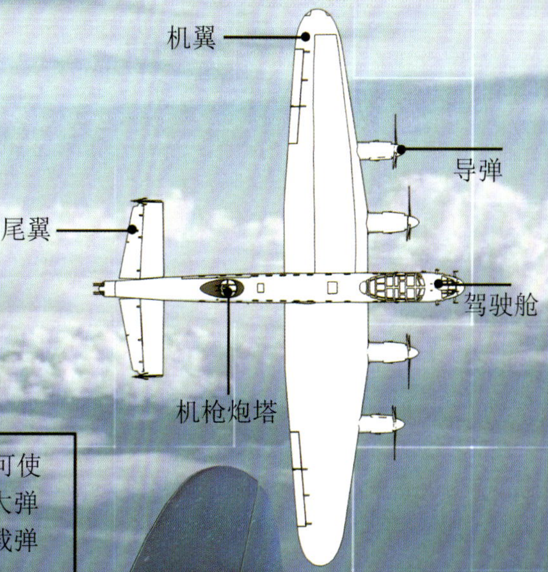


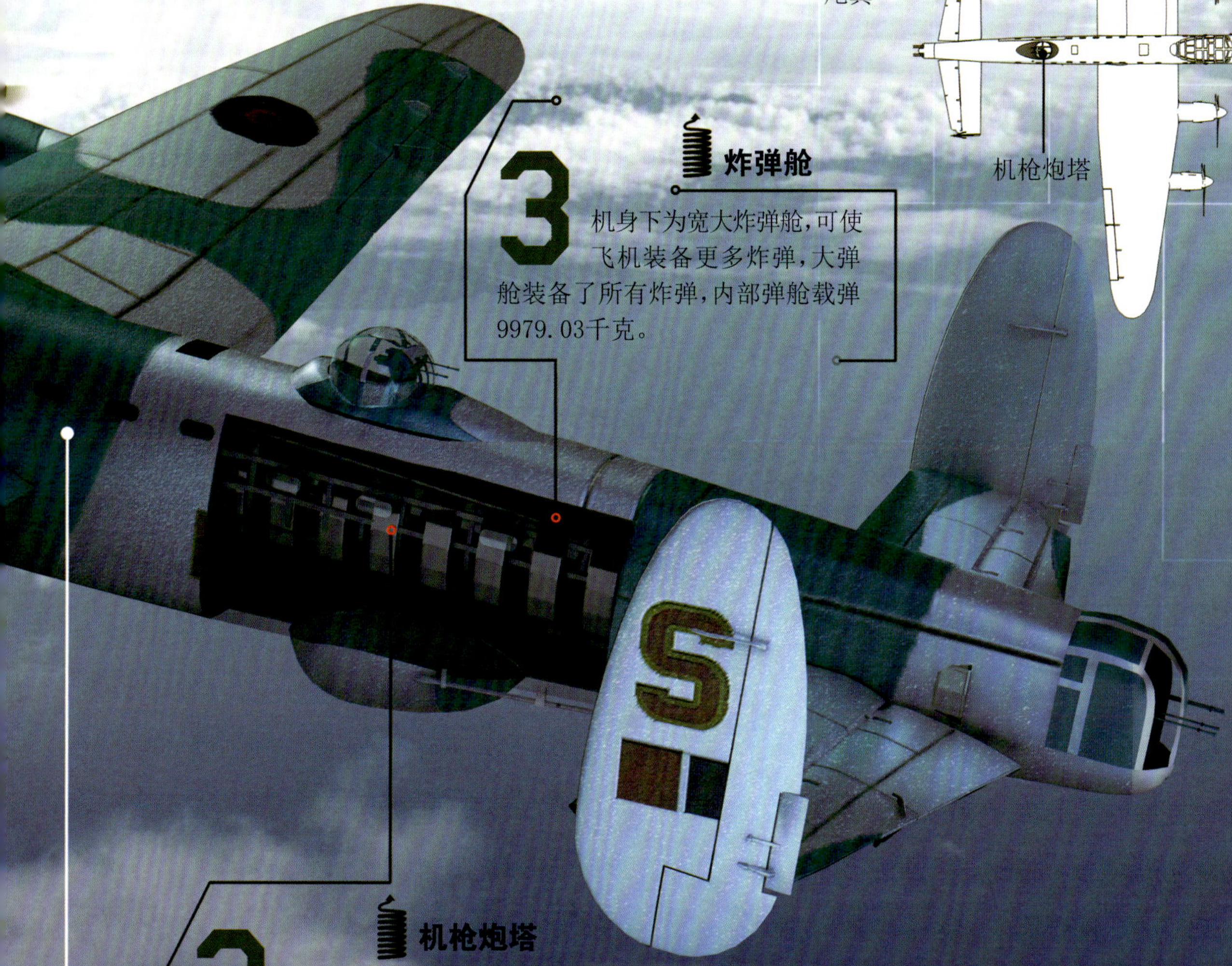

### 3 炸弹舱

机身下为宽大炸弹舱，可使飞机装备更多炸弹，大弹舱装备了所有炸弹，内部弹舱载弹9979.03千克。

### 2 机枪炮塔

机尾和后机身上部安装自卫机枪炮塔，炮塔是飞机上装有一至数门机枪或机炮并可上下左右转动的专用透明舱位。

### 兰开斯特（可进行夜间轰炸）

- 最大速度287千米每小时
- 机长21.08米
- 乘员6人~7人

### 大弹仓

“兰开斯特”凭借实用的大弹仓，博得了军事行家的好评。累计投弹608 612吨，占皇家空军战时总投弹量的三分之二，这与大弹仓的功劳是分不开的。“兰开斯特”硕大的弹舱内可灵活选挂形形色色的炸弹，除250磅常规炸弹外，还可半裸悬挂从4000、8000、12 000直至22 400英磅重（合10 160千克）的各式巨型炸弹，用于对特殊目标的打击。

### B-17（可进行夜间轰炸）

- 最大速度483千米每小时
- 机长22.66米
- 乘员10人

THE BATTLE ELF

# [战斗妖精] FFR-41MR 雪风战斗机

FFR-41MR ALAWYS TURNS UP IN THE SCIENCE FICTION FILM

FFR-41MR雪风是出现在《战斗妖精雪风》中的战斗机，故事描述人类虽能将神秘外星生物“迦姆”的势力逐出地球，但双方攻防战却延伸到菲雅利行星上，完全没有停止的迹象。而剧中的主角为战术战斗电子侦察机“SUPER SYLPH雪风”的驾驶员，受命搜集战场上的情报。就这样，在菲雅利行星上人类与迦姆的战斗，也将逐渐改变剧中主角的未来……

FRX-99“Rafe”无人战机

FRX-99“Rafe”无人战机共有4架样机。其中一架后来被改装为B-503“雪风”的新机体，增加了驾驶荚舱等设施。有三架改装成Flip Knight“轻骑士”系统，机体中间搭载重型核弹，以雪风为核心编制成为四机编队，对目标点进行强袭，进行毁灭性的核打击。

**FFR-41MR**

- 全长22米
- 净重12.188吨
- 20毫米格林式机关炮

**FFR-31MR**

- 全长22.2米
- 净重11.746吨
- 20毫米格林式机关炮

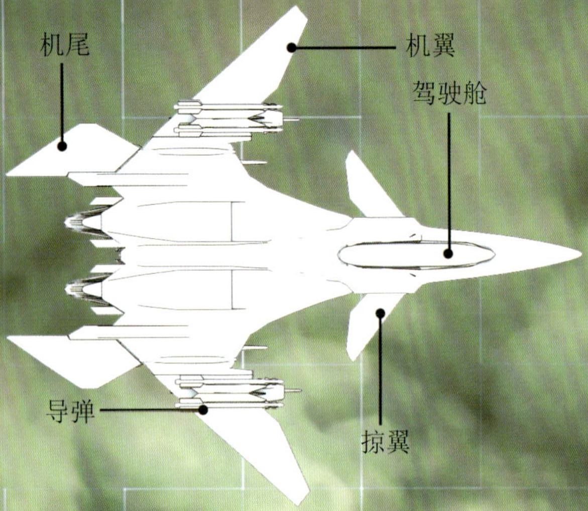


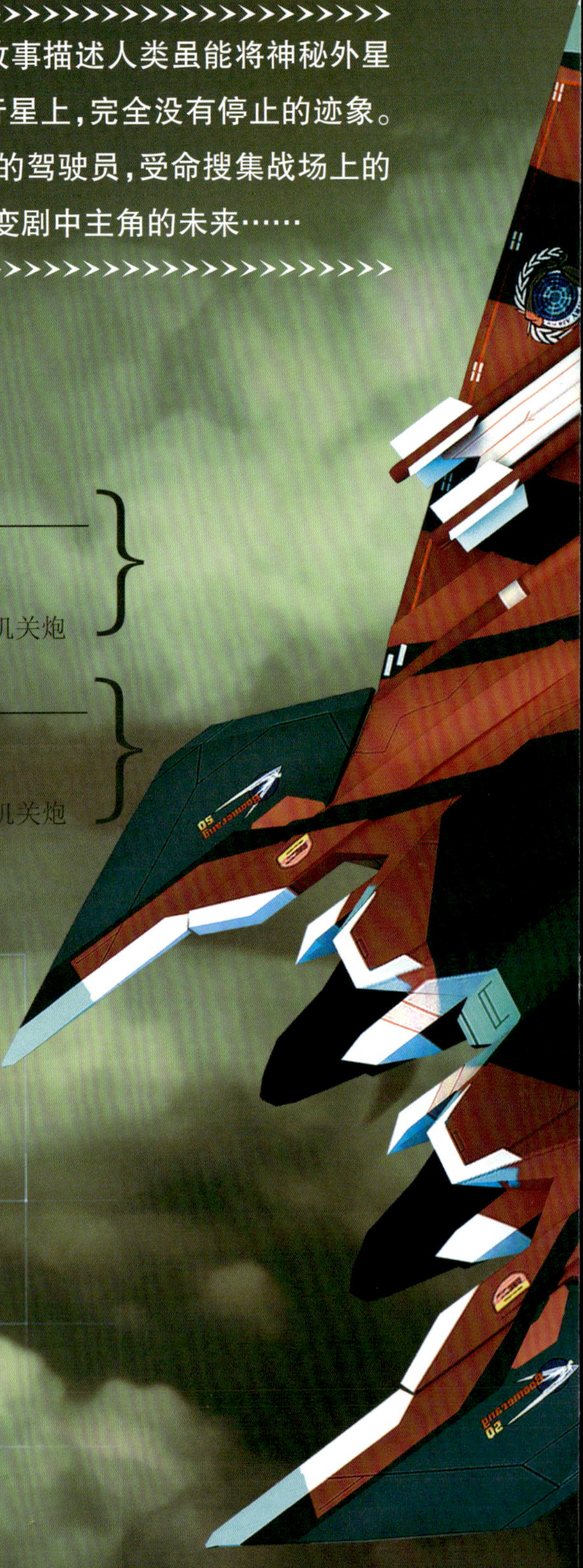

### 1 侦察机装备

菲雅利星初战表明，有必要让侦察机装备自卫武装，在其主翼下方与发动机短舱侧面增加了空对空导弹挂点。

### 3 ARPS系统

ARPS侦察系统包括：前方、侧面斜视相机、红外线成像相机、有源相控阵雷达、多带ESM对等实时数据链。

### 2 驾驶舱

是FRX-99加上驾驶舱的有人机型，并加装干扰器、改良型喷射引擎、心理分析软件和特殊武器系统。

## 气动布局设计的利与弊

采用前掠翼设计。此气动布局的好处是机动性超强，很适合近距空战，但超音速飞行能力差，像《绝密飞行》里的“鹰爪”达到五马赫的超音速飞行都将其前掠翼向内收敛，所以不适合用作侦察机适用。至于机头部分太过华丽，但可以增加升力(尤其加上那对鸭翼，还可以增强机动性)。

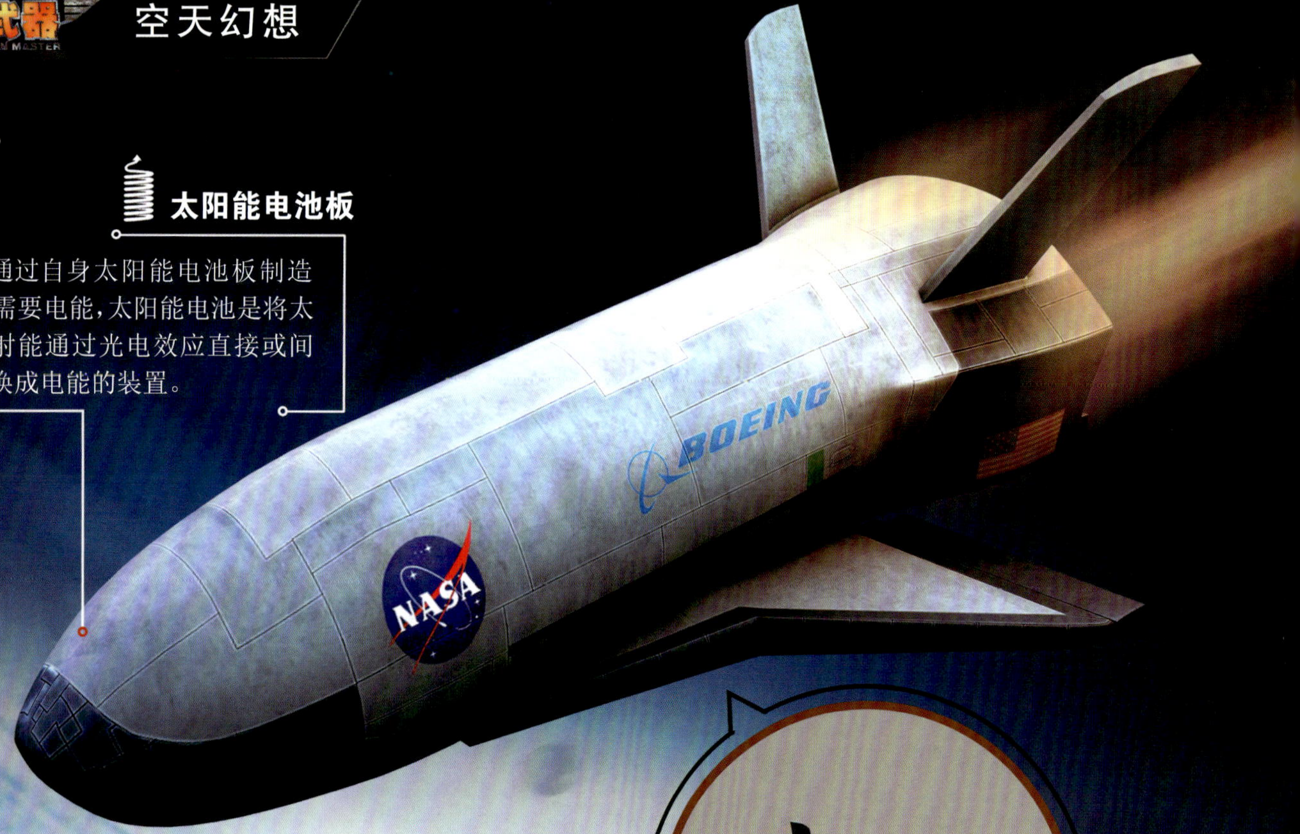


**太阳能电池板**

通过自身太阳能电池板制造需要电能，太阳能电池是将太阳辐射能通过光电效应直接或间接转换成电能的装置。

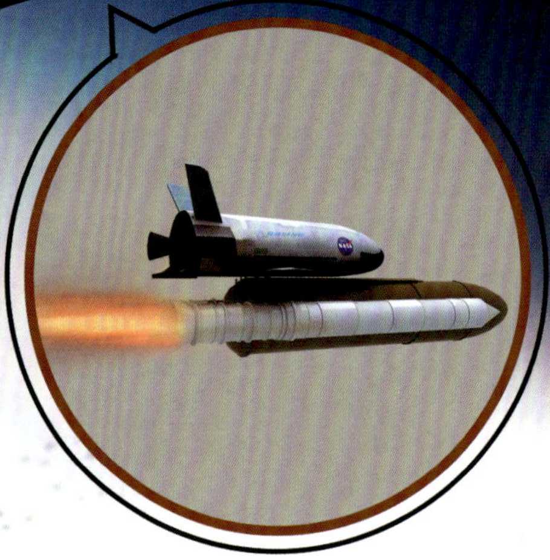

**火箭推动升空**

太空飞机的动力装置其实并不是很复杂，就是利用火箭推动飞机，由于发动机中的燃料燃烧，膨胀的燃气高速向后喷出，发动机便得到与燃气喷出方向相反的推力而向前运动，升到一定高度后火箭脱落，太空飞机自行工作。但它的秘密就在于，速度快得连雷达都无法捕捉。

美国多年来一直没有停止对空天飞机的研究。2010年4月22日美空军花费10年研制的全新“空天战机”X-37B首次试飞。这种外形和功能都酷似小型航天飞机的战机通过火箭送入轨道环绕地球飞行，然后以滑翔方式返回地面。曾有专家表示：一旦X-37B研制成功，美国将建成一个“两小时全球打击圈”，可在单一行动中摧毁敌军所有卫星和来袭导弹。一旦美军将太空定位为战场，X-37B可对美国对手的卫星、宇宙飞船、太空站下手。

THE LAST BATTLE IN UNIVERSE

# [决战太空] X-37B 空天战斗机

THE SHAPE AND FUNCTION OF X37B ARE LIKE A SMALL SPACE PLANE

THE POWER OF SPEED

# [急速力量] X-43A超高速飞机

X-43A ULTRA HIGH-SPEED AIRCRAFT WAS THE FASTEST PLANE

最早使用“呼吸空气”引擎飞机的是美国 SR-71型“黑鸟”侦察机，最大飞行速度3.2倍音速，是当时最快的飞机。但2004年美国航空科学家研制了一种新型飞机，在速度上已远远超越了SR-71型“黑鸟”，并在加利福尼亚的沙漠的一个停机坪上亮相，宣称其历史意义不亚于莱特兄弟的首次飞行。最厉害的是这种飞机能在30分钟内从美国东海岸横跨美国大陆飞到美国西海岸。3月27日，X-43A在3万米高空以8000千米每时的速度飞行大约6分钟，创造最快纪录。

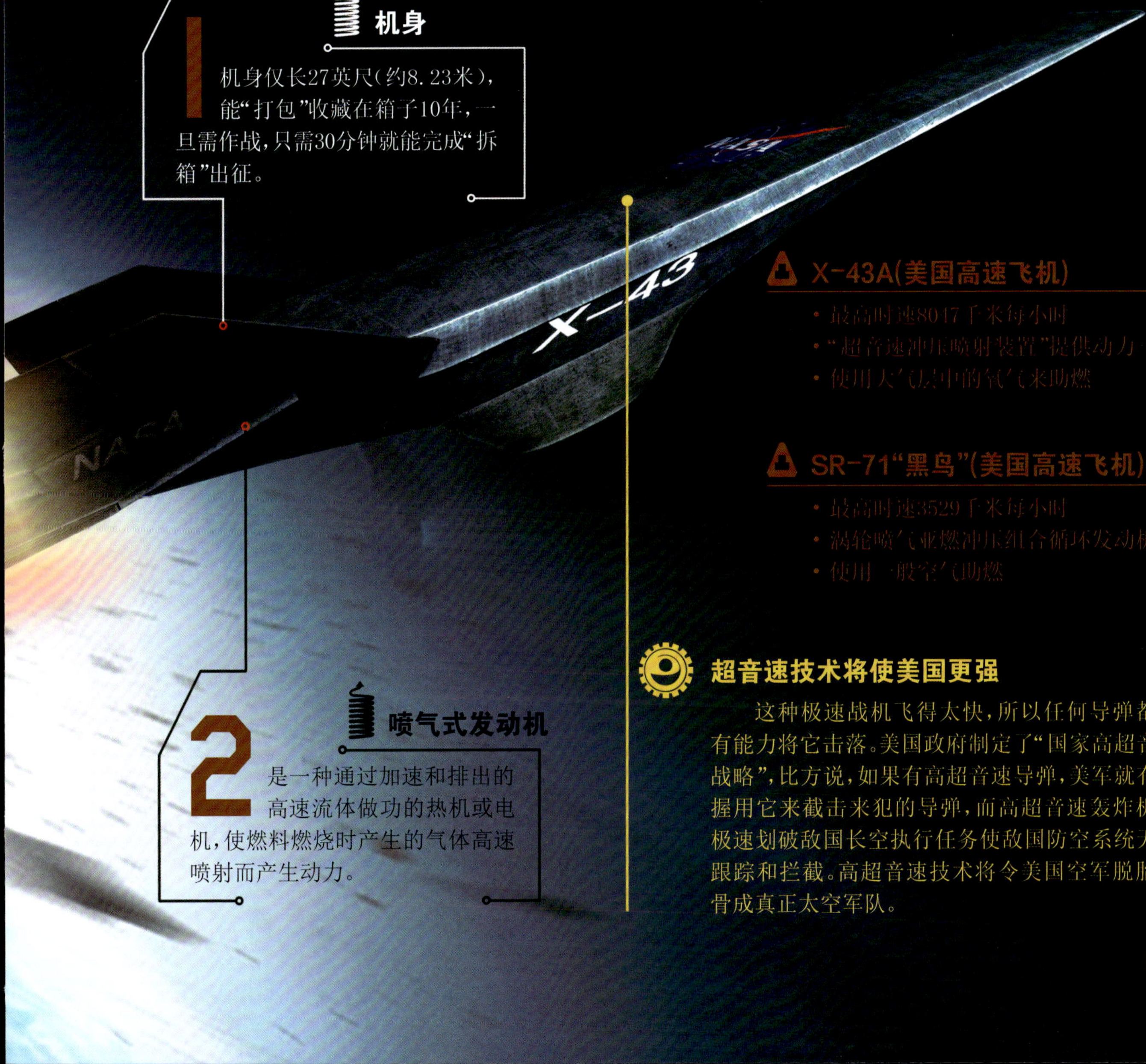


## 1 机身

机身仅长27英尺(约8.23米)，能“打包”收藏在箱子10年，一旦需作战，只需30分钟就能完成“拆箱”出征。

## 2 喷气式发动机

是一种通过加速和排出的高速流体做功的热机或电机，使燃料燃烧时产生的气体高速喷射而产生动力。

### X-43A(美国高速飞机)

- 最高时速8047千米每小时
- “超音速冲压喷射装置”提供动力
- 使用大气层中的氧气来助燃

### SR-71“黑鸟”(美国高速飞机)

- 最高时速3529千米每小时
- 涡轮喷气亚燃冲压组合循环发动机
- 使用一般空气助燃

## 超音速技术将使美国更强

这种极速战机飞得太快，所以任何导弹都没有能力将它击落。美国政府制定了“国家高超音速战略”，比方说，如果有高超音速导弹，美军就有把握用它来截击来犯的导弹，而高超音速轰炸机可极速划破敌国长空执行任务使敌国防空系统无力跟踪和拦截。高超音速技术将令美国空军脱胎换骨成真正太空军队。

# [胎死腹中] 震电战斗机

UNBORN PLANE ELECTRIC

JAPAN-SHOCK POWER BELONGS TO THE NAVY X-FILES SECRET AIRCRAFT

1942年到1943年间，日本海军航空技术厂（“空技厂”）飞行机部的鹤野正敬大尉为了摆脱过去传统的飞机样式，并能大幅度提高性能开始勾画了一种前翼式鸭翼战斗机——震电战斗机。震电战斗机属于日本海军X档案秘密战机，是为攻击B-29紧急研制的高性能秘密战机，可以迅速爬高到12千米高度。震电原计划1946年大量装备部队，但战争于1945年8月就宣告结束，使震电战斗机沦为了名存实亡的“牺牲品”。

**发动机**

装备三菱重工“Ha－43”四二型引擎，是“二战”中期三菱重工业研发制造，使用18气缸空冷式星型发动机。

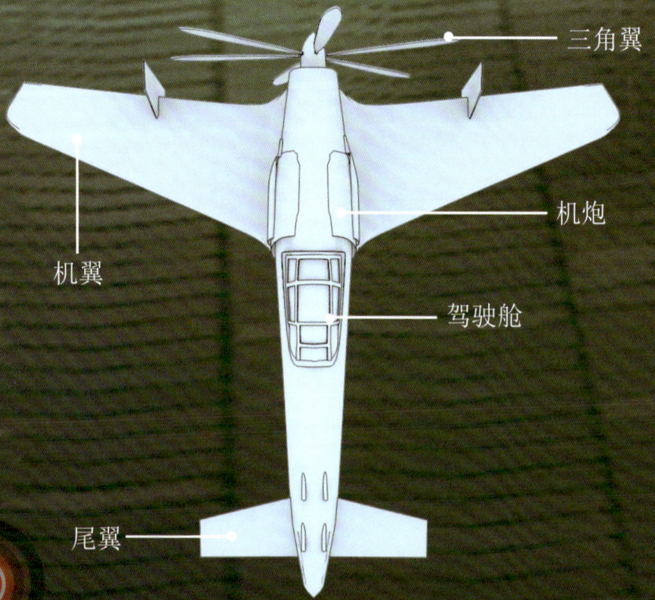

### 未服役且夭折的震电

在战争宣告结束后，日军的震电战斗机只有2架，其中只有1架交付部队，战争结束时正在训练中，另1架则在一次试飞结束着陆时因接地仰角过大，螺旋桨击中跑道破损，战争结束时还在修理中，所以震电并未对美军B-29实施打击。

### 3 螺旋桨

推力式螺旋桨，螺旋桨装在发动机之后，效率不如拉近式螺旋桨，拉进式螺旋桨前无发动机短舱阻挡。

### 震电战斗机(鸭式布局)

- 机长9.76米
- 高3.55米
- 航程1000千米~2000千米

### 米格-1.44(鸭式布局)

- 机长19米
- 高4.5米
- 航程4000千米

### 2 机炮

装备四挺30毫米口径机炮，次跑时日本帝国海军最互殴一种研发的空拥挤跑，射击仍是院子九九式机炮

### 前翼式鸭翼布局

一般战斗机设计都把发动机，螺旋桨和武器装备放在机身前面，从而使得飞机的尾部显得相对空旷。震电战斗机废除了过去的水平尾翼，而把其挪到了主翼的前面。武器被留在了前方，发动机和螺旋桨都被设计在了飞机的后部。这样子的布局从某种程度上尽量利用了全部的空间，同时也尽量缩小了同等装备机体的体积。

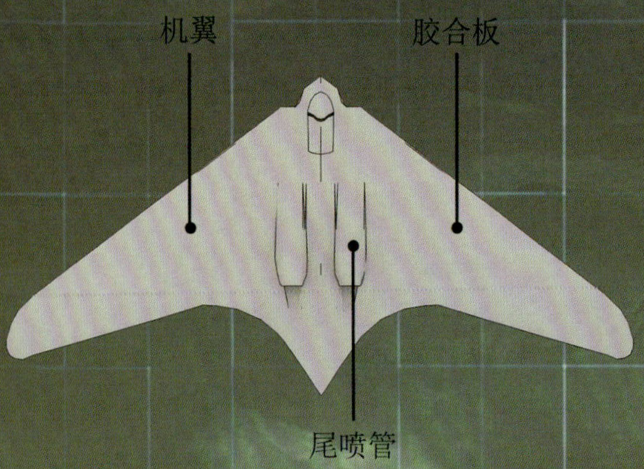


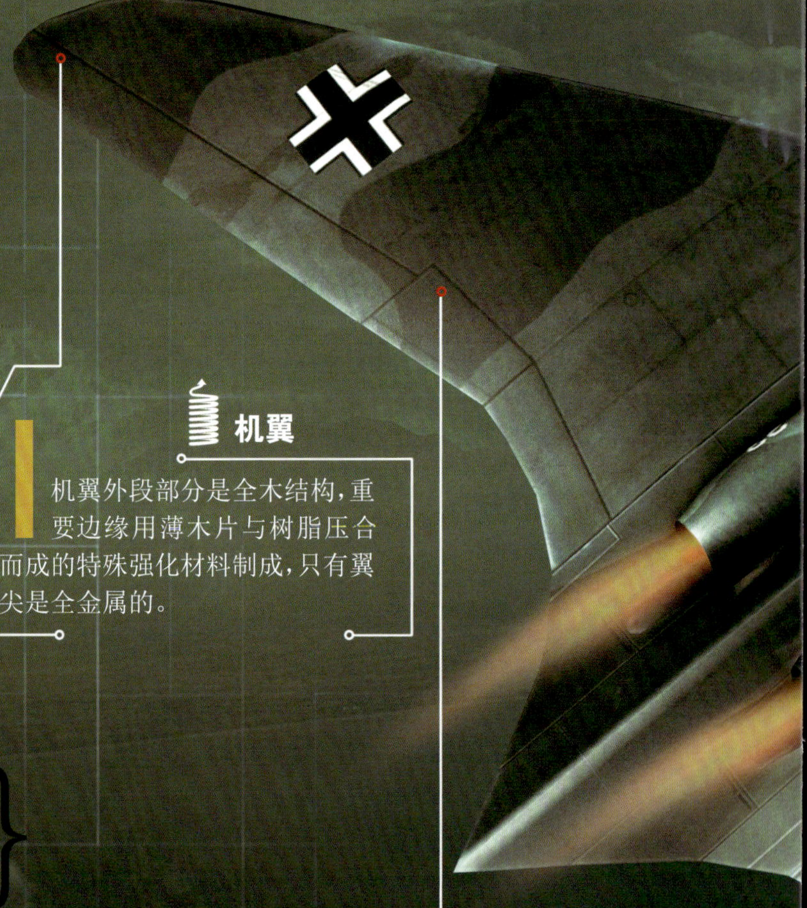

**1 机翼**

机翼外段部分是全木结构，重要边缘用薄木片与树脂压合而成的特殊强化材料制成，只有翼尖是全金属的。

**GO-229(无尾飞翼式战斗机)**

- 空重4600千克
- 机长7.47米
- 最大航程3170千米

**B-2(无尾飞翼式战斗机)**

**2 胶合板**

整个机体由大量胶合板构成，表层喷涂了特殊涂层，具备了当时绝无仅有的雷达隐身性。

21世纪的今天，每当人们在各种场合看到美国空军的镇宅之宝B-2隐身战略轰炸机的时候，无不被它那独特的气动外形和强大的隐身能力和作战能力所震撼，也让美国空军倍感自豪，就好像全世界只有他们掌握了无尾飞翼气动技术。事实上，在距今60年前的1945年，欧洲的纳粹德国就诞生了人类历史上第一架无尾飞翼喷气式战斗轰炸机，它就是纳粹德国的末日奇迹、也是美国空军B-2隐身战略轰炸机的伯父—Go-229喷气式战斗轰炸机。

THE MIRACLE IN THE LAST DAY

# [末日奇迹] GO-229战斗轰炸机

GO-229 IS THE UNITED STATES AIR FORCE B-2'S "UNCLE"

## 被珍藏的辉煌

霍顿兄弟在飞翼机研究方面取得了划时代的成就。直到今天，美国空军的骄傲B-2隐身战略轰炸机仍然闪烁着霍顿兄弟杰作G o -229的光辉。G o -229目前全世界只存留一架，被珍藏于美国国家航空航天博物馆。成为举世珍品。他见证了纳粹末期德国科学家们爆发出不可思议的创造力，见证了人类航空史上曾经的辉煌。

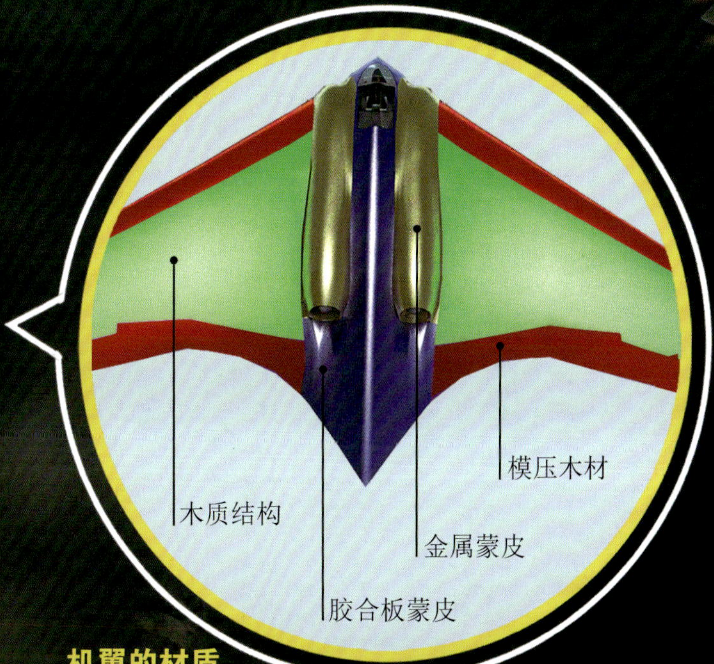


## 机翼的材质

翼中段容纳座舱和喷气发动机，采用传统的焊接钢管骨架结构，除发动机喷管附近的蒙皮是金属蒙皮外，其余为胶合板蒙皮。外翼段全部使用木质结构。其中，襟翼和机翼前沿采用特殊的模压木材（用刨花和塑料混合压制）。整个飞机表面被仔细打磨得非常平滑，以获得最佳的空气动力性能。两台发动机并排安装在中央翼段。

## 3 尾喷管

尾喷管突出在机翼后表面上，是喷气式飞机涡喷发动机组成部分之一，作用是喷射出飞机燃油燃烧后的产物。

SPEEDY HUNTING

# [音速猎杀] BA 349 火箭拦截机

THE NICKNAME OF BA 349 ROCKET INTERCEPTOR IS NATTER

早在1939年6月，维尔纳·冯·布劳恩博士就提出了火箭推进飞机的计划，六年后，相同的计划又重蹈覆辙。不久，Ba 349被生产出来，绰号：Natter（意为蝮蛇）。有人常将Ba 349称为德国神风特攻队，是由于空中解体的回收方式是为使机身前部撞击轰炸机。事实上这并不可行，如果Ba 349以高速接近目标，飞行员很难逃脱。但以低速接近目标，Ba 349在撞击前就已经被打烂了。驾驶Ba 349看来是不明智的做法，这种几乎自杀的做法甚至还不如神风特攻队。

**Ba 349蝮蛇**

- 全长6.02米
- 最大空速998千米每小时
- 亨舍尔Hs217"焚风"式火箭

**Me 163战斗机**

- 全长5.85米
- 最大空速890千米每小时
- 2挺MK108机炮

## 作战方式

Ba 349爬升到接近10 000米每时，飞行员控制飞机下降并接近敌方的轰炸机编队，当距离轰炸机1.6至3.2千米每小时，飞行员抛开机头锥，齐射24发亨舍尔Hs 217"焚风"式火箭。由于燃料也快用完了，Ba 349下降到1.4千米，飞行员使用爆炸螺栓将飞机从机身中部的连接部炸断，带有发动机的后部机身通过自动打开的降落伞安全降落地面。

THE SILENCE BEFORE DIED

# [毁灭沉寂] HAUNEBU-3 柏罗湟女战神

HAUNEBU-3 IS THE LAST MODLE OF THE FLYING SAUCER

1944年夏季，大半个欧洲已经从纳粹的铁蹄下被解放出来，德军已经成为强弩之末，风雨飘摇。但是不久却传来令人恐怖的消息，德国人的秘密武器开始突袭同盟国的空军！这一秘密武器就是柏罗湟女战神-3飞碟。它是纳粹德国研制的最后一种型号的飞碟，现存的几种类型的飞碟已被毁掉，根据有关方面的情况判断，飞碟的主体样机是按照希特勒的命令毁掉的。

### 装甲

女战神不需要装甲，装甲一方面指装备人马所用的铠甲，另一方面指装在车辆、船只、飞机、碉堡等上面的防弹钢板。

### 反磁力飞行

柏罗湟女战神-3采用奥地利设计师弗·绍贝格尔发明的无烟无火焰爆炸式"绍贝格尔"型发动机驱动，发动机全部采用"爆炸式"冷却法进行冷却。这种驱动方式只需用水和空气作燃料。发动机本身具有反磁力性能，它借助反磁力漂浮升腾法使飞碟飞行和悬空。发动机靠吸入大量空气使其周围空间形成真空。

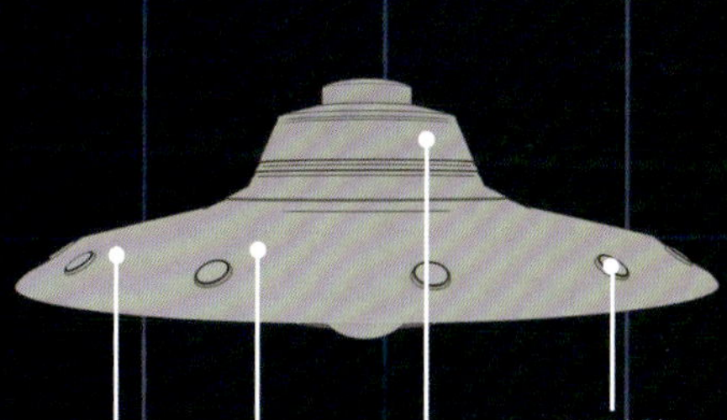

THE DARK DEVIL

# [黑暗死神] F-23战斗机

F-23 FIGHTERS GAVE AN IMPORTANT VALUE TO THE WHOLE WORLD

许多飞机被研制出来后，大部分都难逃被淘汰的厄运。对于飞机来说，不能再飞行似乎是一件很痛苦的事。虽然不再有冲上云霄的机会，但却给世人留下了重要的史料价值。F-23是一部早已退役的飞机，F-23即YF-23战斗机。YF-23战斗机是由诺斯洛普与麦克唐纳-道格拉斯两家公司共同设计，竞标先进战术战斗机合约的机型。美国空军于1991年4月23日宣布YF-23获选优胜。YF-23一共生产两架原型机，目前都已经不再飞行。

## 进气口与进气道

进气口位于机身下方靠近机翼前缘的位置，进气口和进气道都采用固定结构，没有可以移动的部分，不仅能够降低重量，也避免增加正面雷达反射截面积。进气道在机身内部向上弯折，与位于机背的发动机相连接，喷嘴位于外倾的垂直控制面的中间处，从后下方无法直接看到喷嘴，降低红外线讯号的强度，同时也限制安装向量喷嘴的可行性。

## 机身前段

机身前段横截面近似一个对称圆角六边形，然后逐步过渡到圆形演截面，最后在机身中段与机翼完全融合。

### YF-22(对比型)

- 最大时速2615千米
- 最大升限20千米
- 有超音速巡航能力

### YF-23(原型)

- 最大时速2655千米
- 实用升限19.8千米
- 有超音速巡航能力

## 2 菱形机翼

之所以选择这样一个机翼平面形状，最重要的影响因素就是隐身，采用了X形的四波瓣反射特征隐身技术。

## 迫降事件

20世纪90年代中期，英国曾经发生一次军用机夜间紧急迫降的事件，英国官方对于迫降的飞机机型与原因三缄其口，但旁观者表示迫降的飞机外形修长且特殊，经由这个事件而衍生出美国可能将F-23发展为高速侦察机，而迫降的军机就是侦查型的F-23。这个推论从未获得任何证实，其后也没有其他资料佐证。

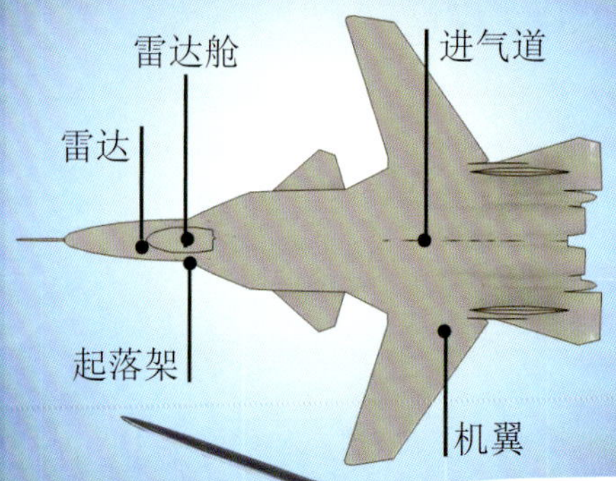


**雷达**

在带空速杆的卵圆形雷达罩内是雷达天线；机头装有多功能相控阵雷达，飞机对雷达的反射面很小，约0.5平方米~3平方米左右。

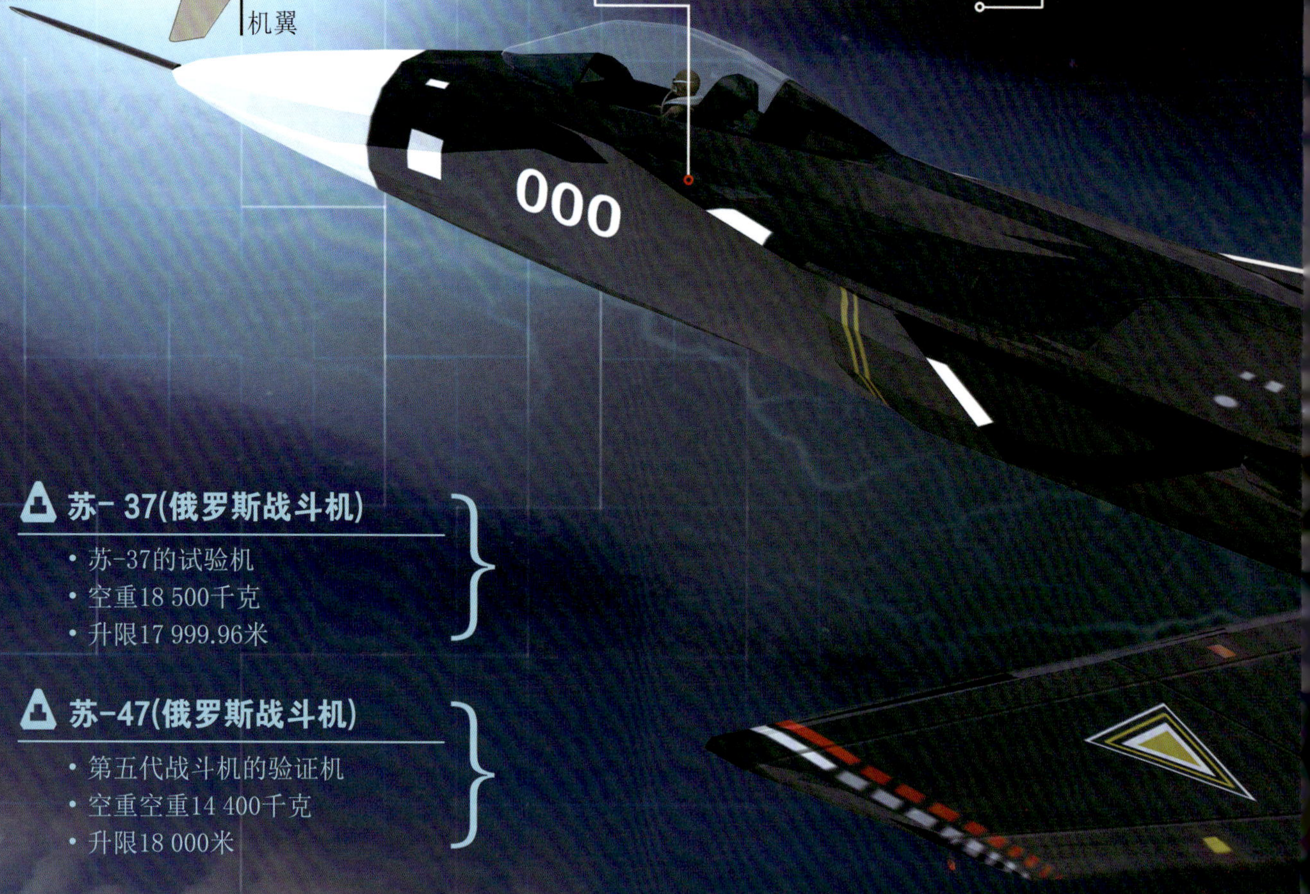


**苏-37(俄罗斯战斗机)**

- 苏-37的试验机
- 空重18 500千克
- 升限17 999.96米

**苏-47(俄罗斯战斗机)**

- 第五代战斗机的验证机
- 空重空重14 400千克
- 升限18 000米

20世纪90年代，俄罗斯的苏霍伊设计局设计了最新一代战斗机的原型机/技术验证机，编号为S-37，2002年以后编号改为苏-47“金雕”，北约代号小木桶，这架飞机的最大特点在于前掠翼的设计，与美国格鲁门公司的X-29试验机很相似。苏-47于1997年9月25日首飞，最初用途是作为俄罗斯的最重要的复合材料与电传操纵系统的试验平台。前掠翼以45度或更大的迎角，使苏-47的性能更佳。

THE WILD GOLDEN EAGLE

# [狂野金雕] SU-47战斗机

SU-47 IS DESIGNED BY RUSSIAN SUKHOI DESIGN BUREAU

## 2 进气道

不可调进气口道在机身边条下方，S形进气道侧面靠近机翼前缘处有鸭翼；机身中部有辅助进气门。

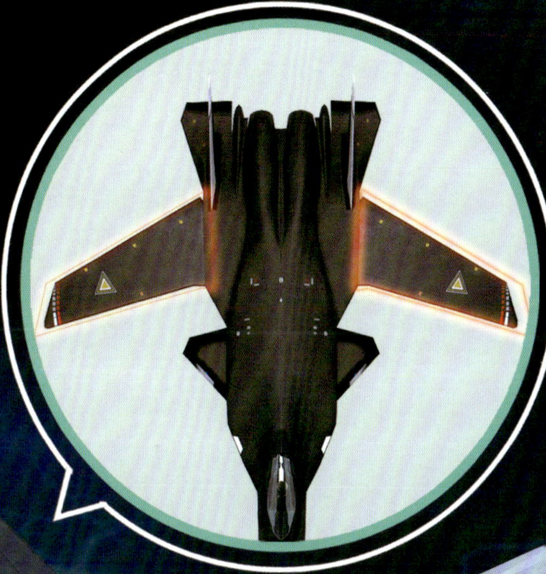

### 前掠机翼

该机采用前掠机翼，有明显的向前延伸的边条，能降低阻力和减少雷达反射信号，改善飞机的起飞着陆性能。不会出现翼尖气流分离现象，另外还可改善布局，减小迎面对雷达波的反射面积。前掠翼会产生很大的扭力，如果机翼是用常规材料制成，很可能被撕裂，但复合材料使前掠翼布局成为可能。

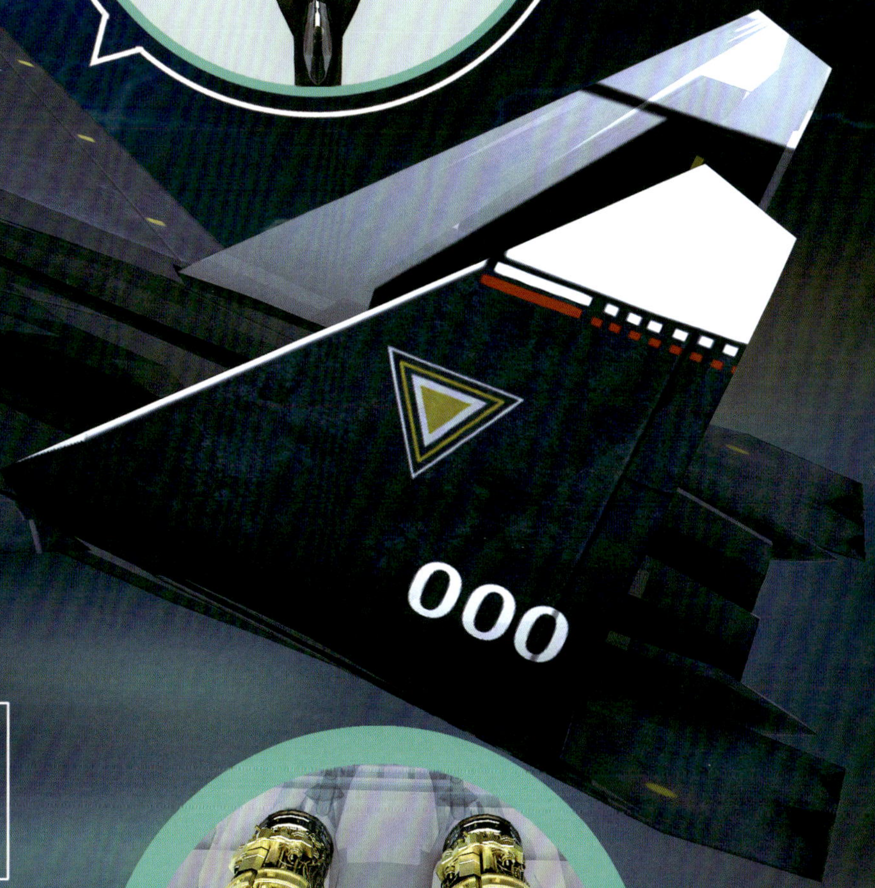


## 3 机翼

全动近距耦合鸭翼，前缘后掠50度，可同步或差动偏转；机翼翼根向后延伸到机尾形成水平安定面。

苏-47是俄罗斯第五代战斗机的技术验证机。F-22是世界上第一种进入服役的第五代战斗机。这两种飞机虽然都是第五代战斗机却有一定区别。F-22的隐身性能优越，采用双垂尾双发单座布局，是被公认为现代十大战斗机第一名。苏-47则采用串置三翼面布局，隐身性能也不如F-22战斗机。

### 苏-47 与 F-22 的不同

### 垂直涵道升力风扇型直升机

- 概念机
- 螺旋桨在机身肚子上
- 体积小、噪音小

### V22鱼鹰旋翼机

- 已生产使用
- 机翼两侧上方
- 航程远 载重大

**中国涵道直升机的未来**

对于飞机制造商来说，天上飞的飞机都是过去时，而在航展展厅里展示的概念机则是未来时。珠海航展航空馆里一架大鸟般“怪异”的直升机模型吸引了许多参观者，是中国首款涵道升力概念机，这是中国航空工业开始突破性进行自主的创新探索。这款概念机更具创新，是我们民航科技工作者的智慧结晶。

涵道升力直升机是一种非常先进的直升机。在科幻作品中出现过很多垂直涵道升力风扇型直升机。这种直升机以其独特的外形和超强的执行任务的能力给人们留下了深刻印象。当时人们认为这只是一种科幻构想的概念机，在现实生活中很难实现，没想到概念将成为现实。珠海航展航空馆里就展出一架中国首款涵道升力概念机，让人们大呼科幻也能成为现实。

LOOK AHEAD

# [走向未来]

HELICOPTER

垂直涵道升力风扇型直升机

THE VERTICAL LIFT DUCTED FAN HELICOPTER IS WALKING AHEAD

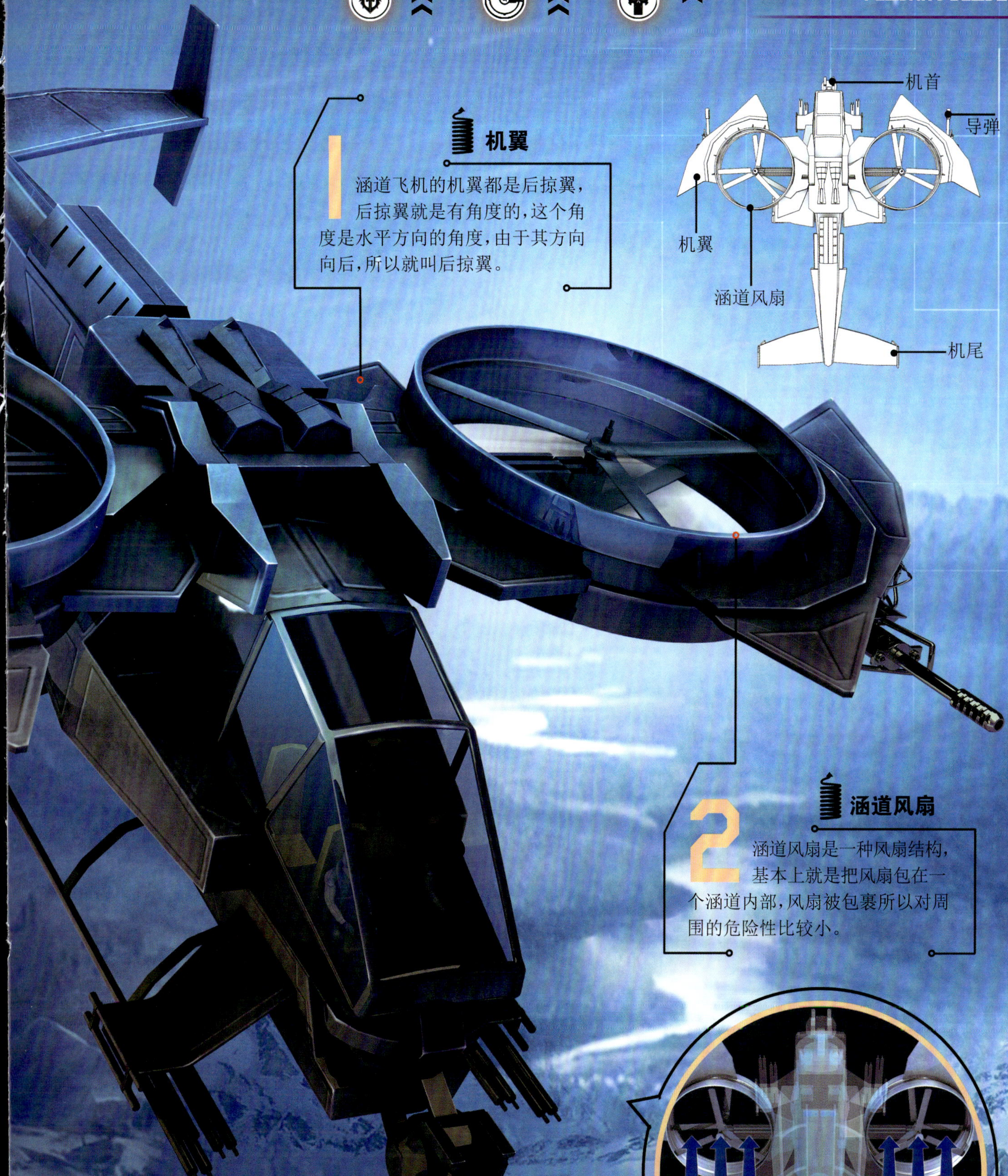


## 机翼

涵道飞机的机翼都是后掠翼，后掠翼就是有角度的，这个角度是水平方向的角度，由于其方向向后，所以就叫后掠翼。

## 涵道风扇

涵道风扇是一种风扇结构，基本上就是把风扇包在一个涵道内部，风扇被包裹所以对周围的危险性比较小。

## 涵道式螺旋桨

该机的采用两个涵道式螺旋桨，各置于机身两侧。由于叶尖处受涵道限制，冲击噪声减小。诱导阻力减少，而效率较高。在同样功率消耗下，涵道风扇较同样直径的孤立螺旋桨，会产生更大的推力。同时由于涵道的环括作用，其结构紧凑、气动噪声低、使用安全性好，因此作为一种推力或升力装置。